MILLENNIUM丛书

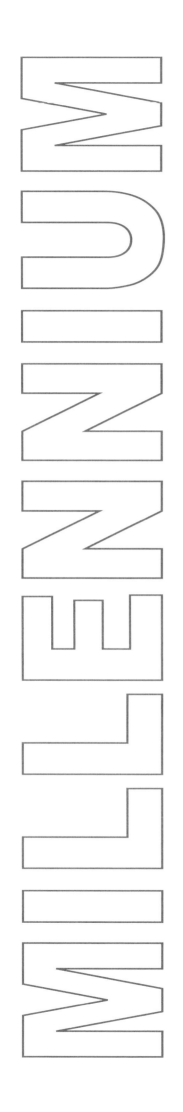

# 墨菲／扬建筑师事务所

王心邑 李 匡 译
王天邑 校

中国建筑工业出版社

MILLENNIUM丛书

# 墨菲／扬建筑师事务所

王心邑　李　匡　译
王天邑　校

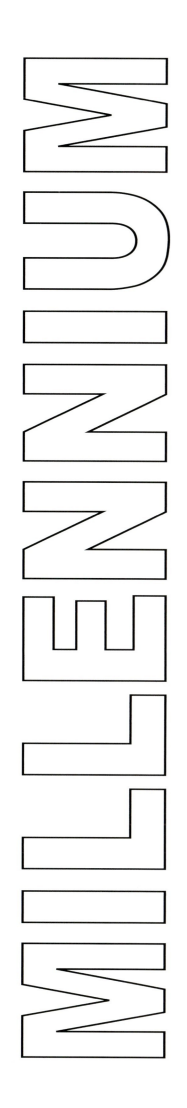

中国建筑工业出版社

著作权合同登记图字：01-2003-4473 号

**图书在版编目(CIP)数据**

墨菲／扬建筑师事务所／澳大利亚 Images 出版集团有限公司编；
王心邑，李匡译.－北京：中国建筑工业出版社，2003
(MILLENNIUM 丛书)
ISBN 7-112-05913-5

Ⅰ.墨... Ⅱ.①澳... ②王... ③李... Ⅲ.建筑设计－作品集－澳大利亚－现代　Ⅳ.TU206

中国版本图书馆 CIP 数据核字（2003）第 053386 号

Copyright © The Images Publishing Group Pty Ltd

All rights reserved.Apart from any fair dealing for the purposes of private study,research, criticism or review as permitted under the Copyright Act, no part of this publication may be reproduced, stored in a retrieval system or transmitted in any form by any means,electronic, mechanical, photocopying,recording or otherwise,without the written permission of the publisher.
and the Chinese version of the books are solely distributed by China Architecture & Building Press.

本套图书由澳大利亚 Images 出版集团有限公司授权翻译出版

本套译丛策划：张惠珍　程素荣
责任编辑：程素荣
责任设计：郑秋菊
责任校对：赵明霞

MILLENNIUM 丛书
**墨菲／扬建筑师事务所**
王心邑　李　匡　译
　　　　王天邑　校
\*
中国建筑工业出版社出版、发行(北京西郊百万庄)
新　华　书　店　经　销
北京嘉泰利德公司制版
东莞新扬印刷有限公司印刷
\*
开本：787×1092毫米　1/10
2004年4月第一版　2004年4月第一次印刷
定价：188.00元
ISBN 7-112-05913-5
　TU・5191(11552)
**版权所有　翻印必究**
如有印装质量问题，可寄本社退换
(邮政编码 100037)
本社网址：http://www.china-abp.com.cn
网上书店：http://www.china-building.com.cn

# 目　录

8　少一些浮华，多一些融合／迈克尔·J·克罗斯比

16　慕尼黑机场中心和凯宾斯基饭店
54　索尼柏林中心
124　科隆机场，波恩
168　新花环角
192　HA·LO总部大楼
224　帝国银行大厦更新

231　事务所简介
233　个人简历
234　墨菲／扬的近期作品和新作品，1994—现在
246　获奖及展览纪录

Murphy/Jahn

# 少一些浮华，多一些融合
Less Flash, More Fusion

迈克尔·J·克罗斯比

建筑评论家的任务之一就是将建筑师的作品放进小方盒子里。标签对于这项任务来说是唾手可得的。现代、新现代、后现代、复兴主义者、古典主义者、解构主义者——这些是每一个评论家词典里最熟悉的词汇。

当然最有趣的作品从来不适合放入小方盒子或贴上标签。例如赫尔穆特·扬(Helmut Jahn)的作品。每个评论家都将他归为"浮华的戈登"，那个在15年以前由于伊利诺伊州大楼的增压烟火而一举成名的后现代可怕莽汉。但扬已今非昔比。这位生于德国、掌管芝加哥墨菲／扬事务所的建筑师已经成熟了，现在他正通过新项目探索欧洲现代主义的根源，这些新项目抓住探索、创新和打破旧习等标志现代主义诞生的精神。扬认为他作品的灵感来源于密斯·凡·德·罗。但我认为他与沃尔特·格罗皮乌斯或康拉德·瓦克斯曼更接近，后两者较少的将技术运用在"表达"上(像密斯那样)，而更多的应用在服务于建筑上。扬的作品较少浮华，更多融合——建筑学和工程学的融合。扬和他的一个主要合作者，德国籍的结构工程师沃纳·索贝克，将这种融合称作"建筑工程"。扬走在这两门学科之间的钢丝绳上，使得他最近的作品难于归类，但也更强大有力。

以"建筑工程"的方式工作，建筑师和工程师真诚合作，变戏法似地做出响应其项目以及先进材料技术和系统技术的建筑。但对建筑来说这不是技术之上的解决方案。实际上，它是利用技术和科学来服务于建筑以表达特定时代精神，同时满足那些居住在这些建筑里的人的需要。这不是为了技术的技术，也不是为了"高技"美学的技术，而是为了使材料、设备和环境控制方法变得不可见。扬解释说建筑最终将不被察觉地为所有生物提供舒适性——建筑在提供服务的同时自身消失。

这本书里的六个项目——科隆／波恩机场，德国(图1和2)；柏林索尼中心(图3和4)；

1

2

3

4

5

6

慕尼黑机场中心(图5和6)和慕尼黑凯宾斯基饭店,德国(图7和8);柏林花环角(Neues Kranzler Eck)(图9和10);美国伊利诺伊州奈尔斯城HA·LO总部大楼(图11和12);美国加利福尼亚州卡斯塔梅萨的帝国银行大厦复建工程(图13和14)——揭示了扬作为一个建筑师,致力于探索材料以及在新世纪里创造建筑的知觉可能性,"形式和结构简单、清楚地表达其组成部分和目的",他自己这么描述。和扬对话,你很少听到有关"风格"或甚至"设计"的字眼。扬和结构工程师、机械工程师、环境工程师以及物理学家和材料制造商合作,他正在创造的建筑将玻璃装配技术、环境系统和城市场所塑造推向极限。和他现代主义前辈不同,扬的作品更具进化性,更少革命性色彩。随着新的技术理念的产生,他的作品从一个工程到另一个工程不断地进步。这显著区别于大多数建筑师的做法,他们找到安全的解决方案然后就一直应用。扬具有前瞻性,但总是受益于前一个工程里学到的东西。学习这本书里的作品,你将发现扬创造给人丰富体验的、复杂的、不断变化的建筑的方法。

6个工程中的4个建在国外,在全球范围进行实践的机会让扬可以进行实验。环境舒适性是其中最有成果的领域之一。欧洲和亚洲的项目为建筑师在办公建筑中使用自然通风和辐射热提供了更广阔的自由度,例如比在美国的自由度高。扬发现国外的委托方分享他用较少的技术创造较多的东西的兴趣,减少维持舒适所需的采暖和制冷的设备。设备控制的提高允许人们能够微调他们所处的建筑的小气候。最终目的——用少创造多——是在减少能量消耗和污染排放的同时增加舒适度。以这样的方式,扬领先于很多他同时代的建筑师,他通过巧妙的建造承认建筑师对环境负有责任。

对扬来说技术上最大的挑战在于如何达到一个综合的解决方案,既能满足建筑中所

7

8

9

10

11

12

13

14

有的功能需要，同时又尽可能地节省和典雅。浇筑混凝土楼板是一个很好的例子。在一些工程中，热辐射设备被组合到混凝土板里，充分利用材料的自然热工特性。它还解除了对吊顶的需要。混凝土的下表面成为可见的顶棚表面，灯具就悬挂在上面。高于混凝土板的楼板系统在改变办公室格局时能达到最大的灵活度，因为电源插座和计算机线缆实际上可以被布置在任何地方。混凝土板里的采暖和制冷还可以完全解除对管道、大面积的屋顶单元以及一些机械房间的需要。通过分析和建模，这样一种综合方案能达到和传统被动式空调系统相同的建设耗资程度，但却将运营费用减至一半(图15-17)。

扬近斯作品的另一个激动人心的地方是其通透性。对他来说，透明和轻盈是可以通过新材料实现的概念的和知性的理念。扬认为，在我们今天使用的用来做建筑的所有材料中，玻璃也许最能带来技术进步的希望。镀膜玻璃、熔融图案、高阴影系数、按一个按钮就从完全透明变到完全不透明的"可转换"玻璃、绝缘玻璃、荧光屏、结构玻璃竖框——这里仅例举几个使得玻璃成为多用途当代材料的进步之处。扬努力追求一种清楚透明和有次序的建筑。他希望他的建筑容易被理解而且具有理性。为了达到这些目的，玻璃成为被选择的材料。它使得空间可以被层叠，看起来好像是互相滑过对方的重叠区域。扬将建筑的结构框架从立面退后，使得玻璃看起来像一块薄的玻璃纤维遮盖物。新材料也要求相应的构成和组装方式。扬指出像木头、砖、混凝土和钢这些传统材料要求建造者展示一定的手工艺。玻璃、纺织品和塑料这些材料的新进步要求工程学、物理学、化学和计算机科学方面的专家的专门技术，它们的装配不需要太多的手工艺(图18-27)。

玻璃展示并让我们了解通常不被看到的建筑元素。我们以新的方式体验它们。一个很好的例子是扬应用在类似HA·LO总部大

15

16

17

18

19

20

21

22

23

24

25

26

楼(图28和29)和索尼中心这样工程里的玻璃电梯。这些是精巧细致的建筑作品,它们迅速上升和下降工作的时候像运动的雕塑。突然之间你以一种你从未体会过的方式了解到电梯。它们以一种惊人的方式让你在空中移动,带你到达能看到建筑物其他部分的绝佳视点。电梯的神秘已经不存在了,但扬使我们在其中得到一种新的对其功能的欣赏和快乐体验。在这位建筑师的手里,效果是神奇的。

一位运用玻璃的建筑师也是一位运用光的建筑师。勒·柯布西耶将建筑描述为"在光线中集合在一起的体量的精巧、正确和华丽的表演。"扬说他的建筑好像是拥有一个光源,从里面发光。在他的作品里,扬努力创造可以发光的建筑:有一个闪烁的心脏的建筑。光成了设计的精华所在。索尼中心具有这样的品质,特别是它的办公塔楼,发出一种内在的光辉(图30和31)。

尽管在科隆机场里,光线布置在建筑物之上,它看起来也像是从里面发出来的一样(图32)。停机库表面被包裹了一层薄的不锈钢网,其表面在白天呈现出玻璃的样子(图33)。在夜晚,光线掠过网,好像是从材料本身发射出来的一样(图34)。在候机厅,人们在玻璃楼板上面行走,玻璃楼板因下面的光线而发光;屋顶结构是半透明和不透明的面板(图35)。科隆机场建筑表皮可以像我们人的皮肤一样作出反应,来有效地调整内部的气候。正在建的位于德国波恩的德国邮政AG工程附加翼楼也将拥有这样的表皮,它可以根据季节自行调节。

另外一个抓住光建筑精华的扬的早期作品是佛罗里达州布埃纳维斯塔城的迪斯尼公司里迪·克里克(Reedy Creek)进步管理大楼。白天,建筑拐角处的凹陷打破了方盒子建筑的感觉(图37)。夜晚,它的玻璃立面在视觉上消失了,建筑物从里面发光,看起来更像是一个剖面而不是立面。

27

28

29

30

31

32

33

34

35

城市场所塑造在扬的作品里呈现一个十分重要的角色。他认为新的城市中心所起的作用和过去几代城市中心不同，甚至不同于伊利诺伊州大楼——一个创造重要公共空间的市政项目(图39和40)。今天，城市场所塑造和娱乐以及产品消费有更紧密的联系。由于缺乏城市活动，它们成了企业的展览物。这种城市空间充满了这样的忧虑——公共领域任由私有企业控制是一个令人抑郁的趋势。扬的解决办法是在这个企业控制的场所里恢复一定程度的公共和社区场所。

索尼中心是扬目前为止最具挑战性的塑造城市场所的项目。七座建筑确定了城市中心的边界，扬在各个方向都设置了通道使步行者可以顺利到达中心(图41和42)。这些通道不仅形成了实体联系，还形成了从街上或街区里往中心看的视觉联系——往里面一瞥即可引发好奇心(图43)。当人们"到达"中心的时候，将被集合了文化、商业和居住的建筑物团团包围(图44和45)。这个空间是开敞的，却通过一个椭圆形的伞状屋顶来与环境调和，屋顶可以提供阴影和保护，使其下面的空间不受自然力量的影响。索尼的"皇冠"由钢缆、玻璃纤维薄膜和玻璃制成，在夜晚闪烁着不同颜色的光芒，成为天际线里一个明显的目标(图46和47)。整个白天，索尼公共空间的核心由于有了人、水和光而显得生机勃勃。

慕尼黑机场中心(MAC)像一座城外城，体现了几种不同的城市场所塑造类型。全世界范围内的机场都成了拥有大型购物中心的公共场所。它们的功能类似于19世纪的重要火车站——例如维多利亚、中央车站和米兰车站——成为蒸汽时代通往城市的入口。在全球旅游的时代，机场从来没有被当作城市大门那样严肃地对待过。在慕尼黑机场，扬创造了一个城市场所，其一端为候机楼，另一端为办公楼、零售店和旅馆建筑(图48和49)。表面涂有特氟纶的薄膜和玻璃组成的屋

36

37

38

39

40

41

42

45

43

44

46　　47

顶结构像一只巨大的猎鹰在中心上面盘旋，限定和调节了MAC广场的室内外环境。当人们从远处接近机场时，这巨大的屋顶看起来像是城市里一个新的教堂(图50)。将建在曼谷的新机场据称会有一个更大的城市中心(图51和52)。

和扬一起坐在他在芝加哥的事务所里，他热情地指出现在是当建筑师的最好时机——一个拥有新的环境技术、材料、装配方法以及重新定义的城市场所的激动人心的时代。扬自觉地继承了现代主义最精髓的创新精神，他将建筑推向新鲜的、创新方向发展。

48

49

50

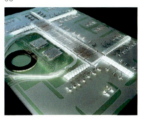
51　　　　52

迈克尔·J·克罗斯比，建筑师、教师、作家和评论家，他写过的有关建筑和设计方面的著作超过一打，还写过几百篇文章。他住在美国康涅狄格州的艾塞克斯。

→ MW/ST.C/M.P/M.CH.    cc: R.SCH/SS    // •5.29.89.— 1 —
RE: MAC

IN ORDER TO FIND OUT WHAT THE PROBLEMS ARE,
AN ATTEMPT FOR A SOLUTION:

TRANSPORTATION:                           KEY IS TO BUILT
                                          NEW STATION IN
INTERCITY    INTER-AIRPORT  SEC/CUSTOMS   MAC WHERE
S-BAHN                                    S-BAHN, INTER-AIR-
                                          PORT SYSTEM +
         TRANSFER  (TB)      (SFT)        INTERCITY MEET
MAYBE                                     FOLLOW TRANSFER
LAS CAN   MAC
BE EX-                I WILL REQUEST MORE INFORMATION
PANDED                RE THESE MODES OF TRANSPORTATION
INTO ZENTRAL-BLDG.   + THEIR ALIGNMENT. EXITING S-BAHN
                      ALIGNMENT DETERMINES CONFIGURATION

ROOF   THE ROOF THEN BECOMES THE GRAND HALL
       WHERE ONE ARRIVES + TRANSFERS. IT ALSO
       BECOMES INTERCHANGE TO OFF/HOTEL/RETH
       + OTHER FUNCTIONS.

OFF    THE CENTRAL HALL IS PRETTY FREE OF BLDGS.
HOTEL  TOWARDS END THE BLDGS SLIDE OUT OF IT
       W/ INDIVIDUAL ROOFS OF SMALLER SCALE
       COVERING UP THE CENTRAL SPACE. IN BET-
       WEEN DIFF. FUNCTIONS (OFF/HO) A SMALLER
       VERSION OF THE CENTRAL ROOF DUPLICATES
       A SIMILAR ENTRY-EXPERIENCE.
       THE HOTEL @ END SCALES DOWN TO SMALLEST
       SPACE.

PHASING THE TRANSPORTATION ARRANGEMENT ORIENTS
        THE COMPLEX TO N OR S. EXPANSION IS THEN IN
        ONLY 1 DIRECTION + THE COMPLEX IS MORE COMPLETE
        INITIALLY.

STRUCTURE OBVIOUSLY, MANY ALT. ARE POSSIBLE. NOT IMPOR-
          TANT NOW. FIND SIZE + SCALE OF WHOLE THING!

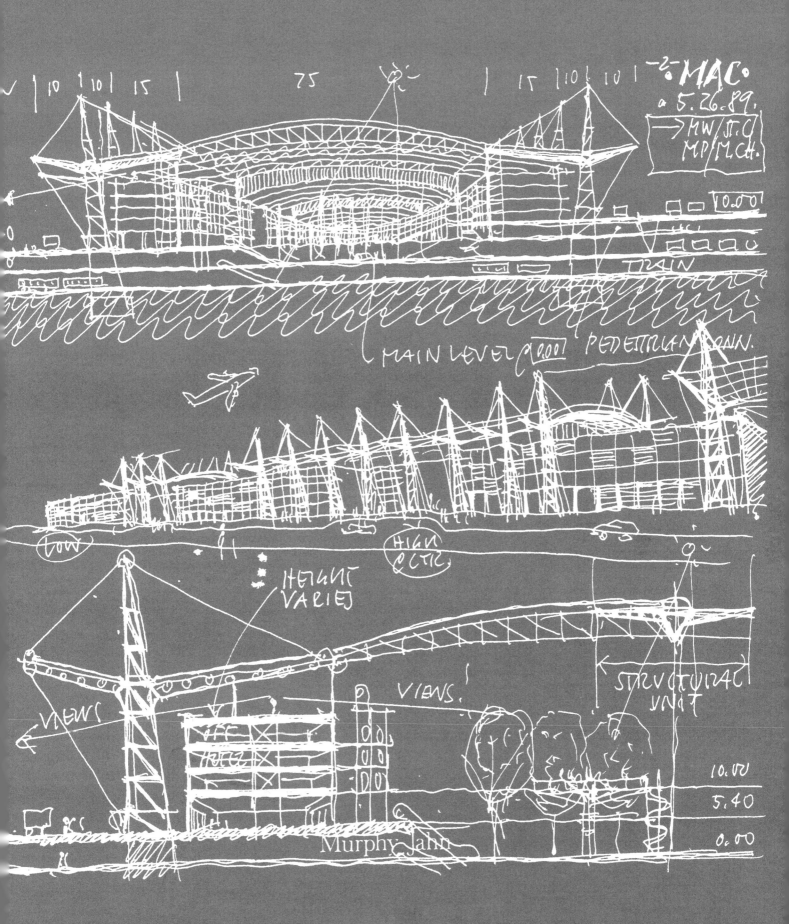

# 慕尼黑机场中心和凯宾斯基饭店
## MUNICH AIRPORT CENTER AND KEMPINSKI HOTEL AIRPORT

慕尼黑，德国
慕尼黑机场中心
地面层建筑面积：50000m²
屋顶面积：18800m²
屋顶跨度：90m
屋顶高度：41m
凯宾斯基旅馆
地面层建筑面积：38300m²
390房间(46套)
飞机库：38400m²
1252停机位

1

**理念**

今天的机场不仅是纯粹的运输中心，而且还是服务和交流中心，也是在城市周边提供"城市体验"的地方。我们时代的机场将遍及全球的城市型和郊区型购物中心与交通运输中心结合起来。

慕尼黑机场中心(MAC)是世界上第一个为这种功能混合体赋予新结构形式和景象的机场。带屋顶的MAC平台是机场城的中心广场，它将所有的建筑物连接起来：零售商店，服务功能设施，以及从火车和汽车到飞机的转换站。

它建立在超越传统城市中心的标准之上，创造了真正标准的城市空间。就像18世纪的城堡一样，机场对我们这一代来说是一种集合了交通运输、商业、技术和景观设计的建筑类型，它涉及一种新的，旅行、工作、暂居的生活、购物、娱乐和新体验之间的关系定义。MAC在全球化的新纪元中重新为机场下定义。

MAC创造了看得见的、充满活力的身份特性，它代表了机场本身、慕尼黑城市，以及作为现代科技城市一部分的区域。不仅庞大的屋顶、大厅和入口，特别是室内空间组成了结构的特殊性格。因为这个室内空间为刚到达的人们提供了城市的第一印象，它确立了人和地方之间第一次的——通常也是决定性的——关系。它不是一个无名的转换地点，而是一个通向城市的休息厅，其休息设施的制造注重质量、材质和细节。正如弗里茨·朗的传记电影《大都会》描绘1927年的城市的未来景象，MAC为70年后的城市开启一个新的图景：成为迎接外来者的城市平台，中心和周边之间的连接者，以及在全球化网络中创造地方特色的迷人城市空间。

1989年，墨菲/扬接受机场"中性区"(Neutral Zone)总体规划的委托，包括旅馆、办公室、零售空间和停机位，在规划的中心，MAC成为已有建筑物、未来2号候机楼、道路以及轨道交通之间的连接体。

总体规划强化了将景观融入机场的概念。开放的、被覆盖的以及围合的"空间"将周围的景观融入到建筑中去。建筑形式和多样景观的结合呈现了形式、空间和颜色的丰富序列，提供了难忘的体验和视觉感受。室内和室外空间的划分从概念上被打破了，产生了从高技到自然的转换。机场从不与自然世界对立，而是尽力去补充它。

**MAC**

MAC完成于1999年。从入口道路向机场看去，MAC屋顶成为机场的可见标志物，它为旅客候机区域提供空间定位，还为机场建立等级和次序。

### 技术构成

凯宾斯基饭店和MAC使用最尖端的玻璃和钢结构,主要应用于它们的屋顶、玻璃幕墙和玻璃楼板。

凯宾斯基饭店屋顶使用低重心交叉钢拱,填充金属和玻璃。MAC屋顶采用矩形截面交叉梁,由高立柱伸出的杆件支撑,屋顶由特氟纶玻璃纤维薄膜和玻璃填充。

特殊的玻璃结构是钢索固定的玻璃幕墙,用在饭店大堂、天竺葵幕墙、平台上的电话亭,以及MAC和已有中心建筑之间连接体的玻璃楼板天窗。

2

1　MAC屋顶成为机场的可见标志物
2　MAC/凯宾斯基屋顶鸟瞰

3 总平面
4 邻近的外形整齐的花园
5 北立面
6 南立面
7 南立面以及有顶通廊

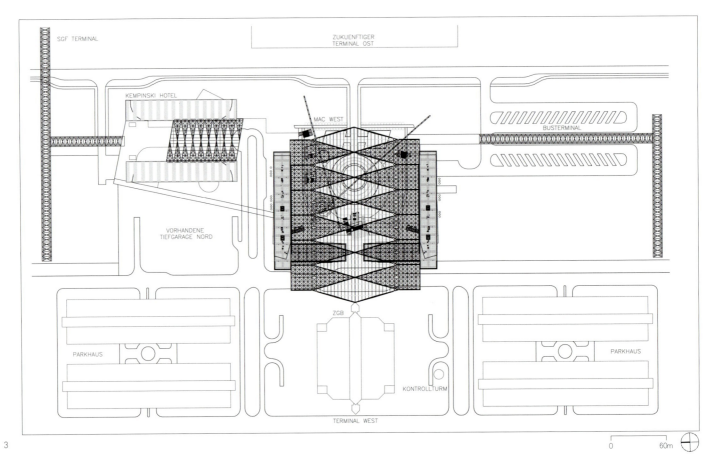

3

4

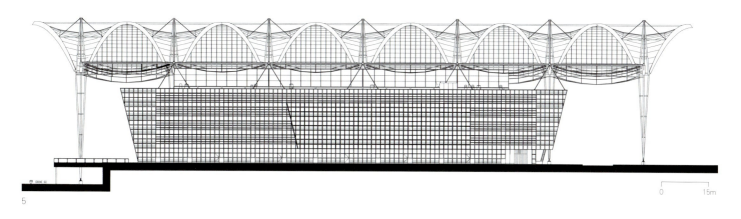
5

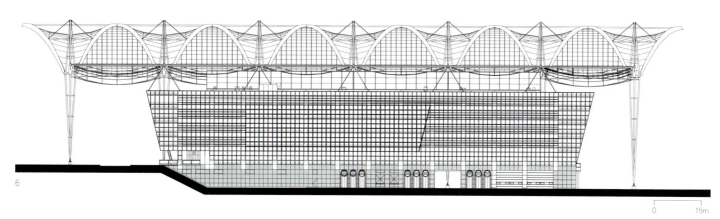
6

7

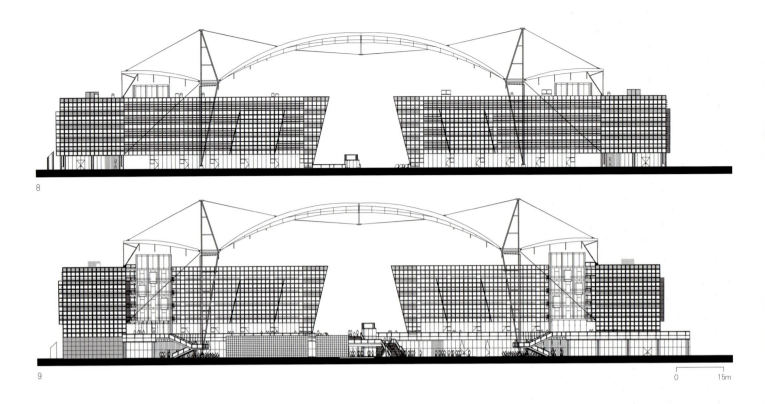

8
9

10

8 西立面
9 东立面
10 从西面(1号候机楼)看到的景象
11 从机场指挥塔看到的景象
12 设计概念草图

11

12

慕尼黑机场中心和凯宾斯基饭店

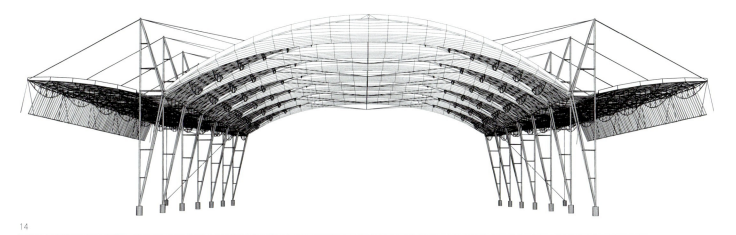

14

15

对面页:
桅杆细部
14 广场屋顶结构透视图
15 有遮盖的广场夜景
下页:
车行道／覆盖了膜结构和玻璃屋顶的MAC入口

17 带有遮阳片的幕墙细部
18 带屋顶的车行道
19 广场入口
20 覆盖了玻璃和膜结构的屋顶桅杆
21 步行道上部的支撑杆

下页：
　　带有发光玻璃地面的入口夜景

18

19

20

21

慕尼黑机场中心和凯宾斯基饭店 **27**

23

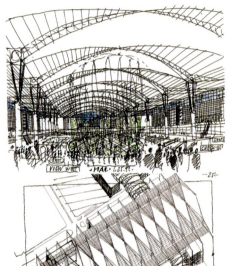
24

25

26

23 广场设计草图
24 屋顶设计草图
25 屋顶细部
26 伴有商店和水景的广场夜景

27 东-西剖面
28 广场结构设计草图
29 被办公楼群环绕的带屋顶的广场

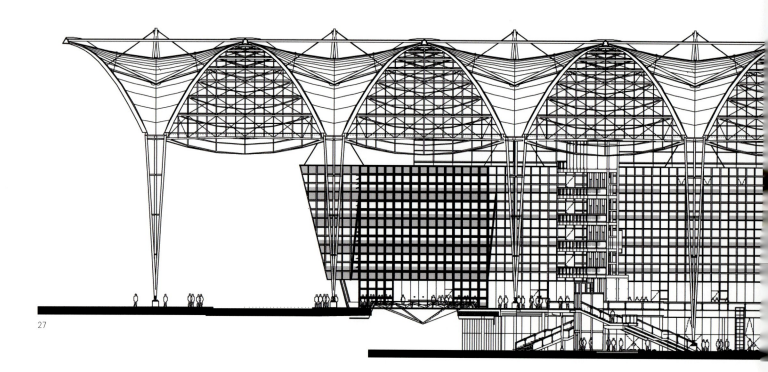
27

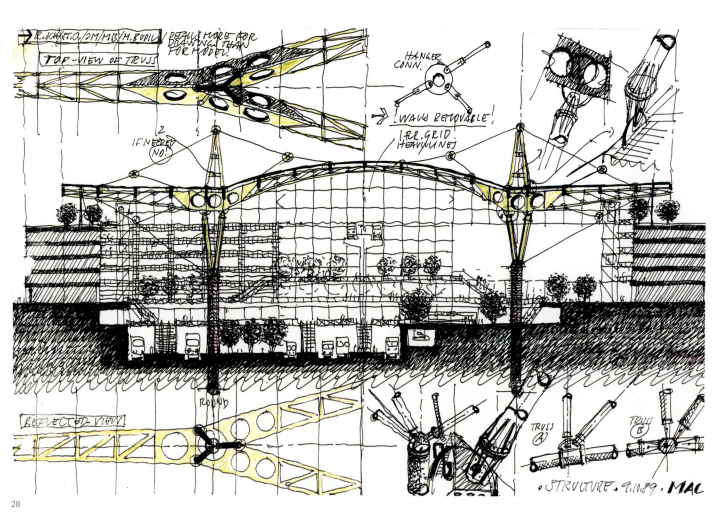
28

30　景观格架墙划分广场
31　广场渲染图
32　四层办公室平面图
33　五层办公室平面图

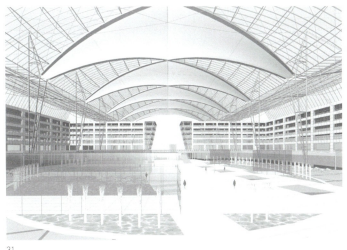
31

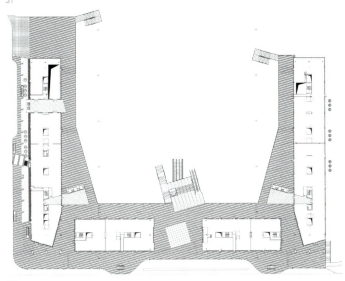
32

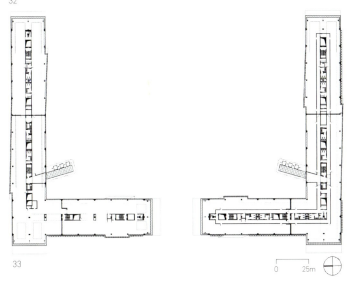
33

34 屋顶结构轴测图
35 广场上部
对面页：
　玻璃纤维膜和玻璃屋顶细部
下页图：
　水景与广场的块石铺地交相辉映

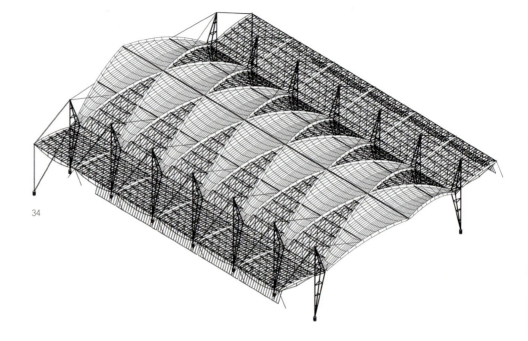

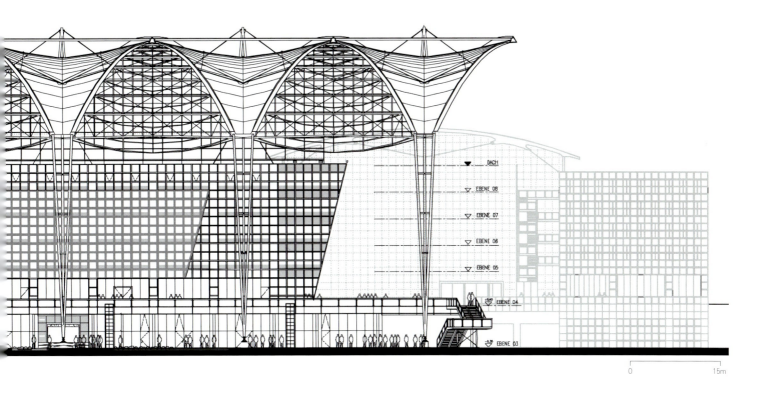

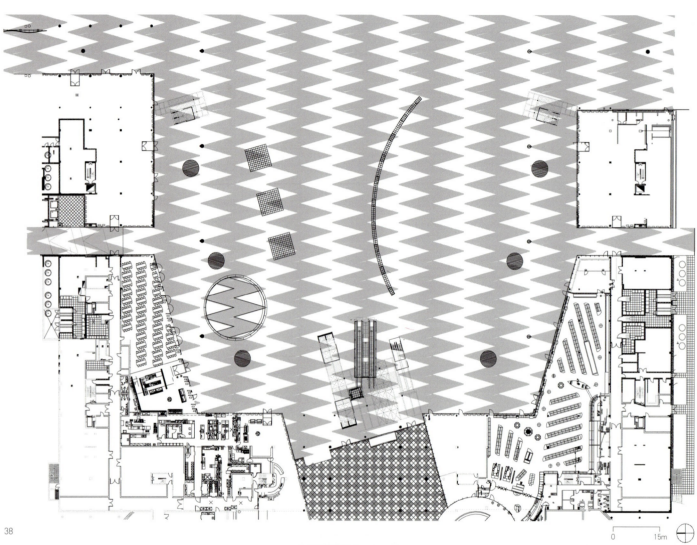

38

39

40

38 三层广场平面
39 电梯塔
40 带有玻璃地面的电梯平台
41 上层和下层广场

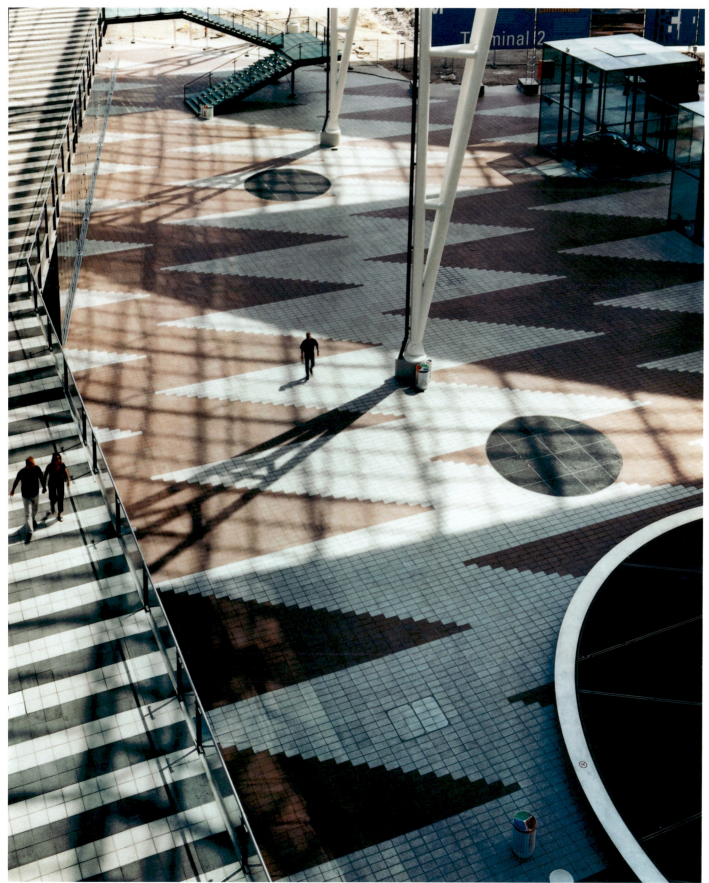

# 凯宾斯基饭店
Kempinski Hotel

1994年凯宾斯基饭店以及紧邻它的停机库和花园成为中性区(Neutral Zone)最先完成的建筑物。两翼的客房围绕一个有顶的大厅和室内花园,花园通向一个开敞的庭院。这些空间因旅馆前方的苗圃花园、到达通道和花园、以及有顶步行道而得到补充。一场空间、景观、光线和技术元素的戏剧性表演渗入大厅、平台和花园小道,激发人们的想像力和探索欲望。大厅对旅馆来说是迎客的地方,对机场来说是公共广场。这是私密和公共共存之所在,是机场中部的公共绿洲。

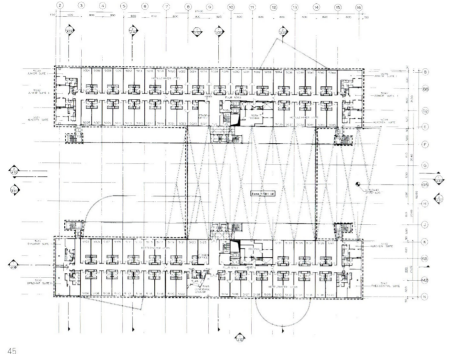

前页图:
邻近凯宾斯基饭店的花圃花园
43 从凯宾斯基饭店看慕尼黑机场中心(MAC)
44 凯宾斯基饭店的有顶人行道
45 旅馆客房标准层平面图

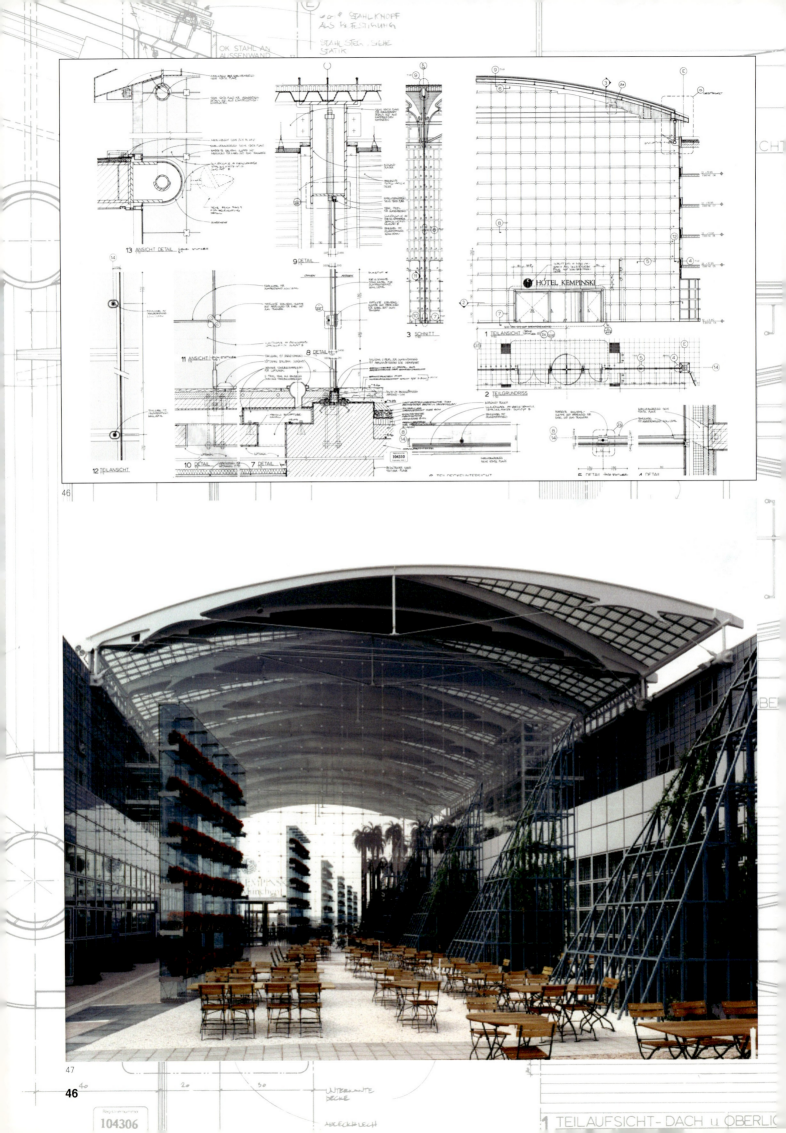

46 钢索玻璃幕墙的立面图／平面图／剖面图
47 带有景观元素的平台
48 入口／小汽车通道
49 带屋顶的人行道
50 花圃花园
51 围绕常青藤的金属树
52 带屋顶人行道的交叉路口

48

49

50

51

52

54

55

56

53 平台花园／金属树／天竺葵墙
54 入口玻璃幕墙
55 钢索玻璃幕墙的通透性
56 钢索玻璃幕墙细部

57 室内楼梯塔
58 地下步行道
59 入口玻璃幕墙
60 有棕榈叶和天竺葵玻璃幕墙的带屋顶大厅

57

58

59

60

慕尼黑机场中心和凯宾斯基饭店 51

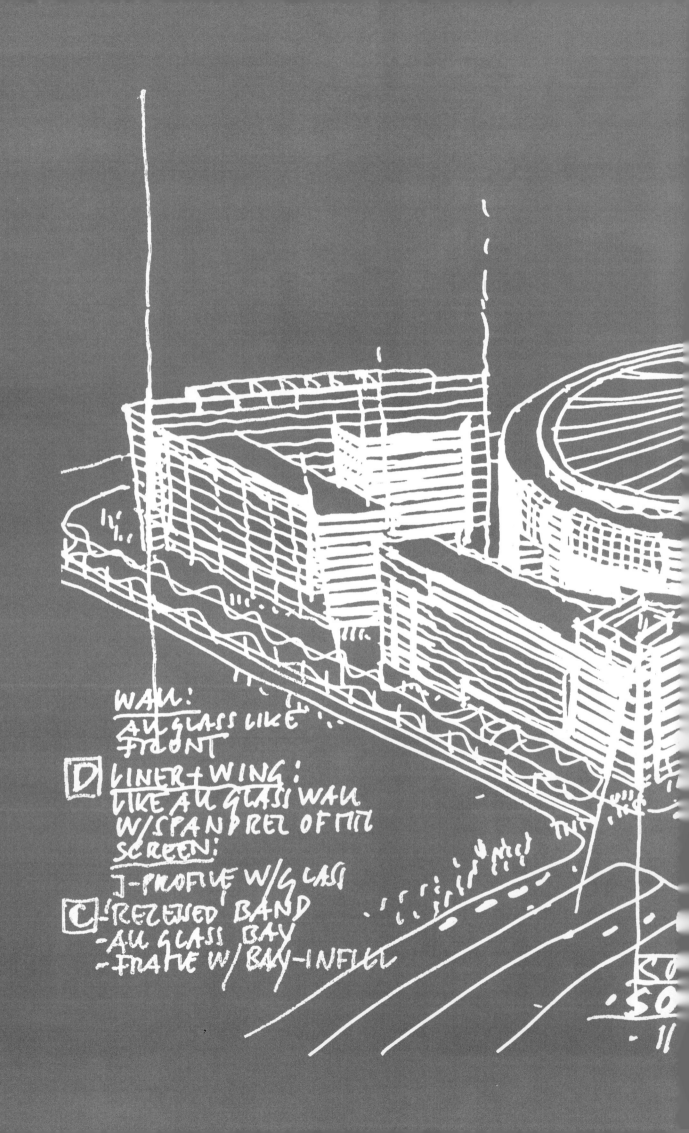

# 索尼柏林中心
## SONY CENTER-BERLIN

柏林，德国
设计／竣工　1993/2000
地段面积：26444m²
总建筑面积：大约132500m²（只包括地上部分）

1

### 理念

在柏林的重建中，索尼柏林中心代表了一种新的技术视野和次序。它不是一个建筑，而是城市的一部分。外部是"真实"的城市，内部是"虚拟"的城市。通道和大门加强了从真实到虚拟世界的转换。

围绕索尼柏林中心的是传统的城市街道和空间。内部是一个新型的有顶城市广场，体现我们时代不断变化着的文化和社会交融。

空间的动感和多样性，与极简的、技术的内涵形成对比。自然的和人工的光线是设计的精华所在。柏林索尼中心是发亮的，但不是被照亮的。立面和屋顶像布一样调节自然和人工的光线。它们成为一个屏幕。由于它的透明、透光性、反射和折射等特点，使得无论白天或夜晚画面和效果都不断变化，不仅改变了外观，而且使用最少的资源，获得了最大的舒适度。

由索尼的倡议，城市公共空间的景象成为索尼中心的主要城市特征。索尼柏林中心是为新时代娱乐而建的一组建筑。它为建筑适应当前私有和公共空间的刺激性娱乐作出了重大的努力。索尼柏林中心是新世纪的文化广场，在这里，重大的娱乐事业被描述成对古典音乐、戏剧和绘画等高雅艺术的真正挑战。

### 用途

除了城市、建筑和空间的理念之外，索尼柏林中心的多功能综合确保了真正的城市生活和活动。基地的位置和配置为项目的选址提供了足够的指导性线索。

主要的办公建筑坐落在基地的四角上。波茨坦广场的办公大楼成为一个办公地段。在其对面，位于基地西北角的索尼欧罗巴中心同爱乐音乐厅、贝勒弗公园以及动物园发生联系。索尼的南面，沿恩特拉斯通斯街道的是爱乐音乐厅的办公建筑。菱街位于贝勒弗街的办公建筑的东面，广场公寓位于IMAX剧院上方。

电影电视研究院和电影院成为沿泊特斯达姆尔街的主导特征。它覆盖了展览馆、图书馆以及用来放历史电影和教学片的剧院。

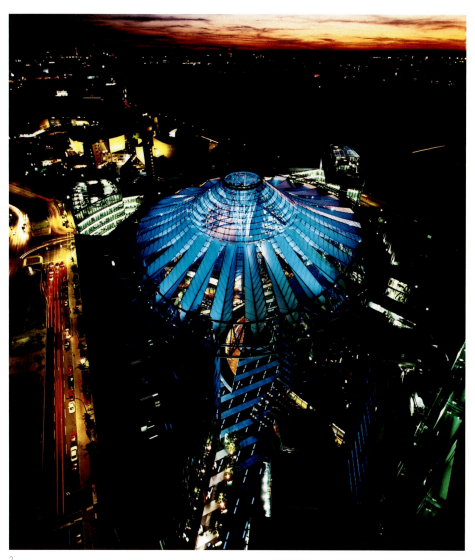

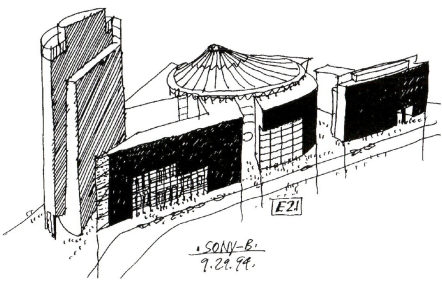

1　发光的索尼中心夜景
2　发光的广场屋顶夜景
3　设计概念草图

索尼柏林中心

四个办公建筑：

索尼欧洲大楼

20000m²

波茨坦广场办公大楼

23000m²

泊特斯达姆尔街的办公大楼

14000m²

广场／贝勒弗街办公大楼

11000m²

居住：广场住宅

广场公寓

26500m²

电影电视研究院和电影院：德国媒体

17500m²

城市娱乐中心：

8银幕的复合式电影院，

IMAX 3D

17000m²

零售／美食／娱乐

8100m²

大约900个停车位和直通巴恩市区和巴恩郊区的汽车、区域性火车和有轨电车。

4　设计概念草图
5　总平面图／地面层平面图
对面页：
索尼城市广场

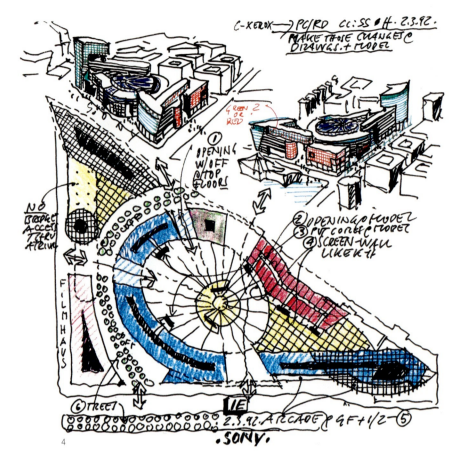

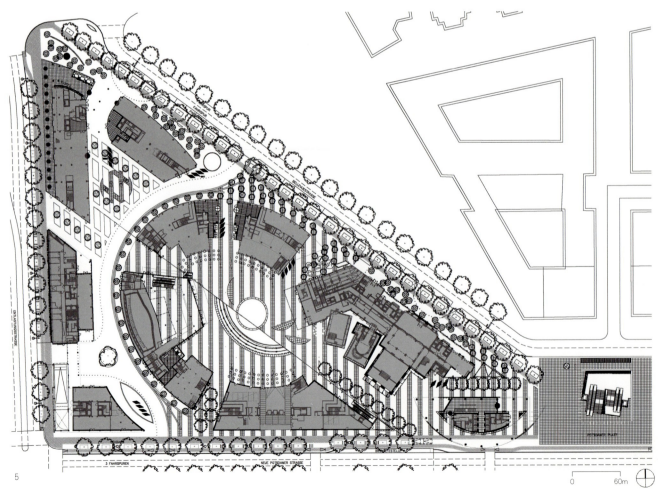

7 索尼公司通道——步行街
8 地下电影院层平面
9 一层平面图
10 九层平面图

7

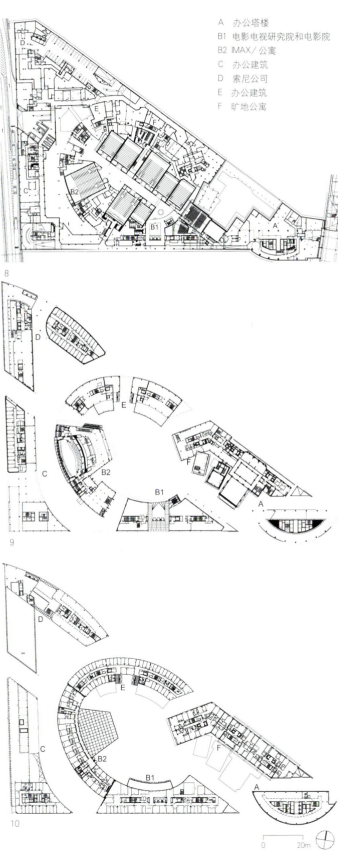

A 办公塔楼
B1 电影电视研究院和电影院
B2 IMAX／公寓
C 办公建筑
D 索尼公司
E 办公建筑
F 旷地公寓

索尼柏林中心

11

12

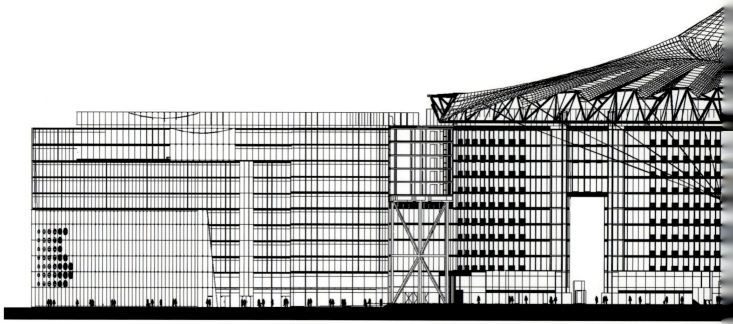
13

11 发光的城市广场夜景
12 城市广场入口大门
13 东西剖面
14 屋顶设计草图

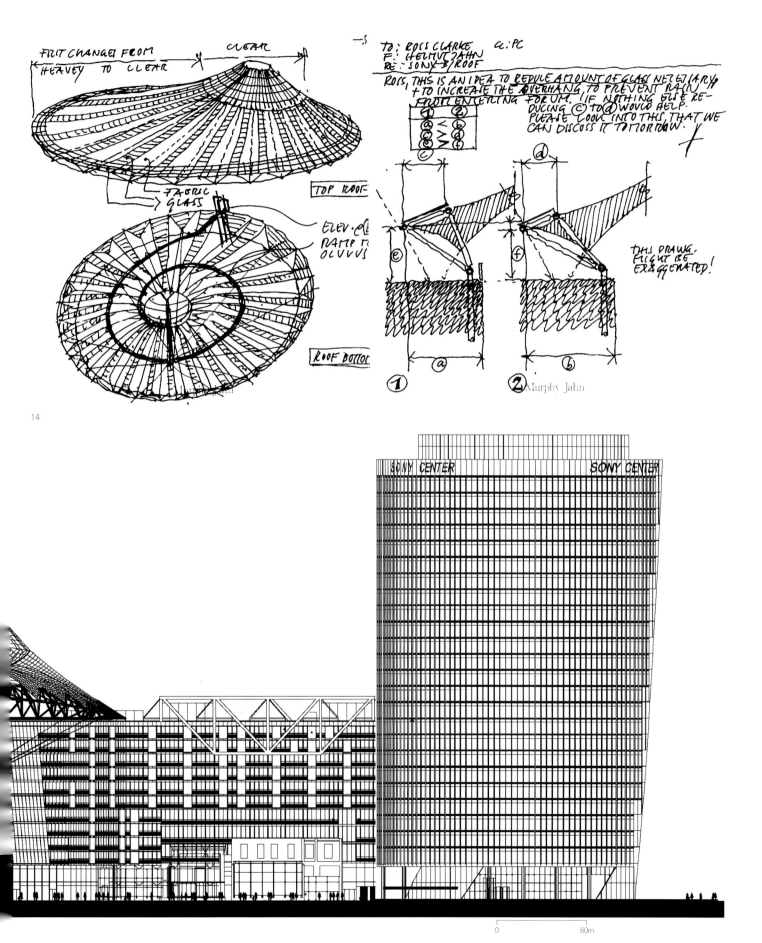

15 喷泉／块石面路／灯光
16 电影院天窗上的悬臂式喷泉
17 电影院天窗
18 城市广场全貌

15

16

17

18

19 城市广场屋顶立面图
20 椭圆的城市广场屋顶透视图
21 打开的玻璃纤维膜透视图
22 城市广场屋顶在玻璃立面上的倒影
23 内部环形拉杆和外部环形压杆以及倾斜中柱
24 玻璃纤维膜之间的玻璃板

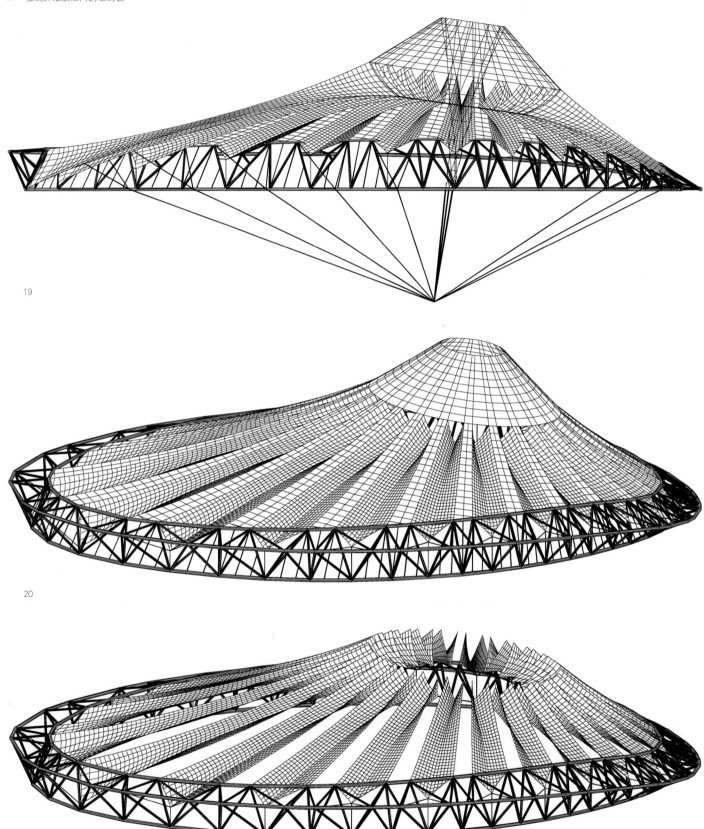

22

23

24

25　外部环状受压杆件
26　内部环状受拉杆件和中柱
对面页图：
　　扬·科尔撒勒光雕城市广场屋顶

25

26

# 索尼中心德国铁道塔楼
Sony Center-Deutsche Bahn Tower

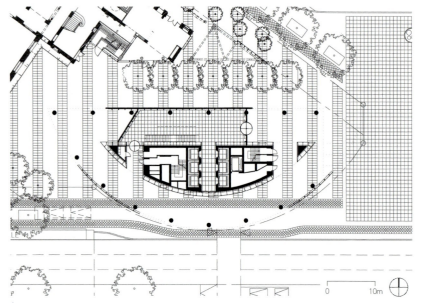

1

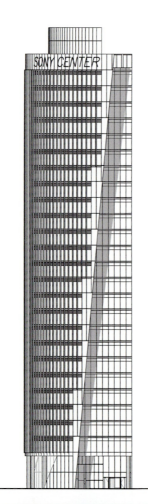

2

3

4

1 地面层平面
2 东立面
3 从波茨坦广场看发光塔楼夜景
4 塔楼的弧形立面和直立面的交接
5 伸出的幕墙细部
6 标准层平面

索尼中心德国铁道塔楼 69

7 入口大堂
8 玻璃幕墙爪件细部
9 剖面／立面——大堂玻璃幕墙
10 入口
11 大堂
12 屋顶平台／眺望的景象

7

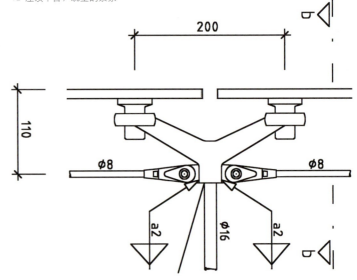

8

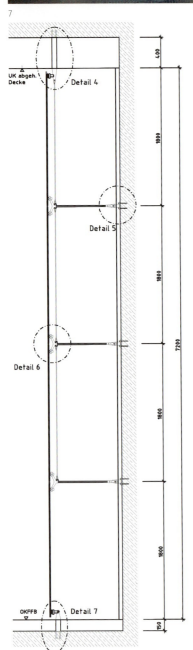

9

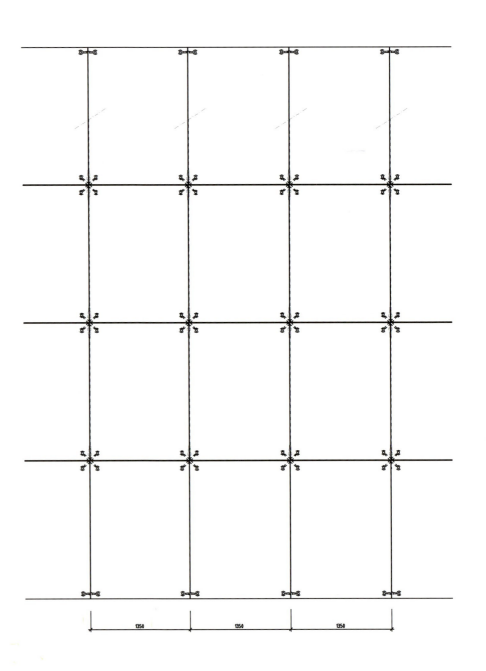

10

11

12

13 可调节明暗和窗扇的室内
14 直墙上室内玻璃竖框平面
15 正立面的立面／平面／剖面
对面页：
　　弧形幕墙／室外玻璃竖框／可操作的窗扇

13

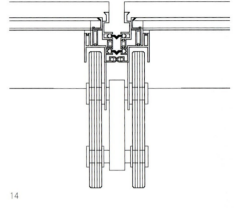

14

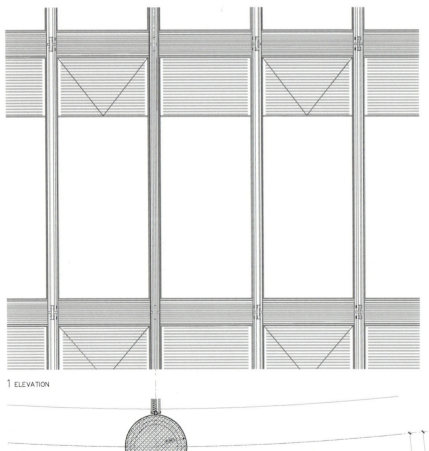

1 ELEVATION

2 PLAN

15

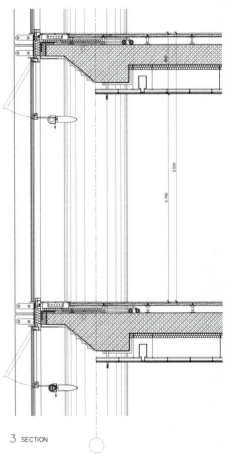

3 SECTION

# 索尼中心——电影电视研究院和电影院
Sony Center-Filmhaus

1 开窗洞的／实墙限定了城市边缘
2 总平面／一层平面
3 低层的标准层平面
4 悬挑出来的上面几层
5 有纹理的金属正立面
6 南立面

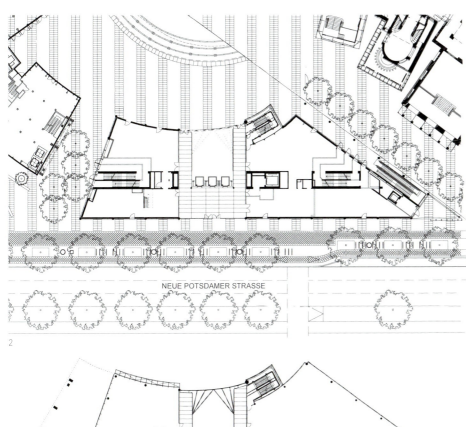

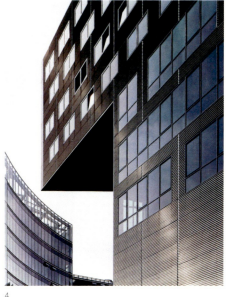

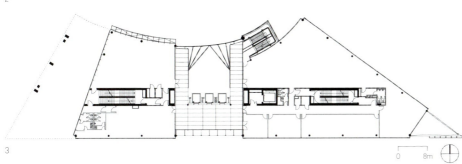

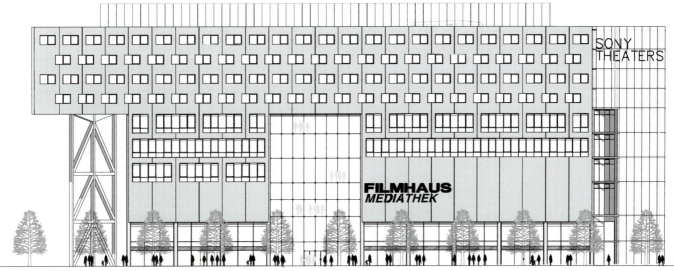

7 中庭墙体平面
8 幕墙平面
9 从电影电视研究院伸出的幕墙
10 从城市广场看电影电视研究院中庭

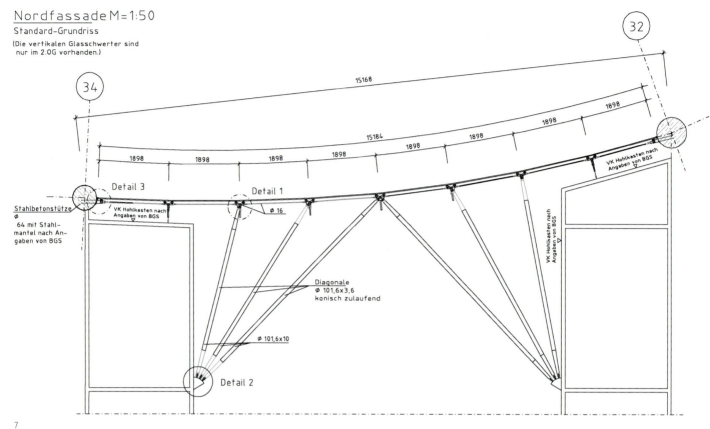

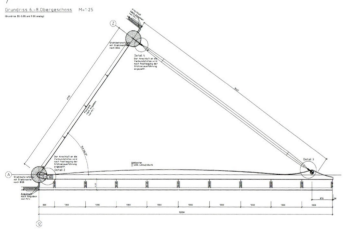

11　中庭立面
12　金属幕墙上的玻璃大门
13　透明的电梯井
14　北立面
15　供公众使用的中庭

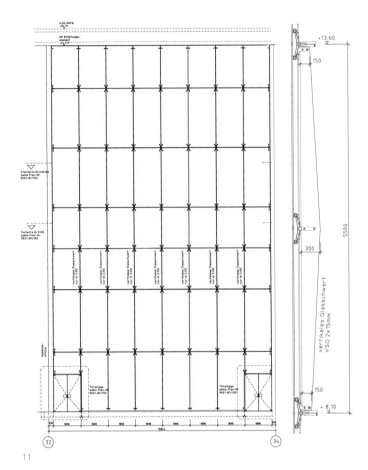
11

12

13

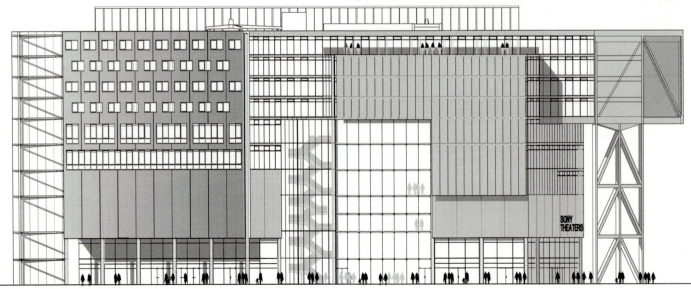
14

# 索尼中心——IMAX/城市广场公寓住宅
## Sony Center-IMAX/Forum Apartments

1 总平面／一层平面
2 城市广场大门
3 城市广场以及公寓住宅和IMAX的开放步行道

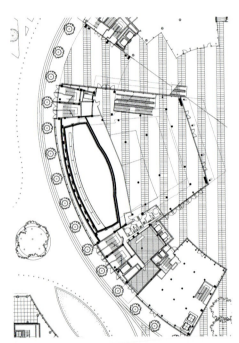

1

2

3

4

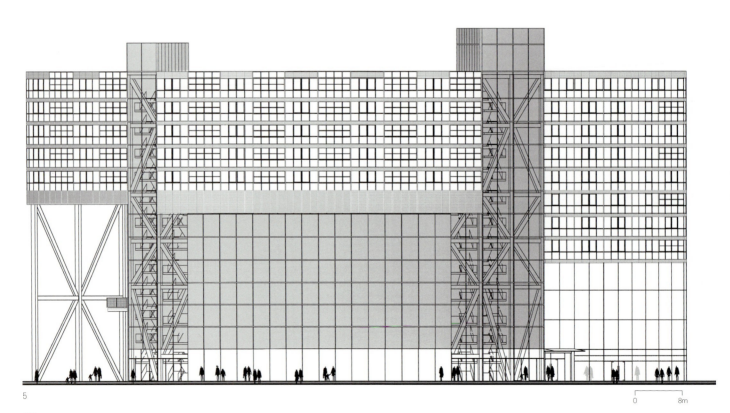

5

0  8m

4 从通道看城市广场公寓住宅
5 西立面
6 面向城市广场的开放步行道
7 东立面

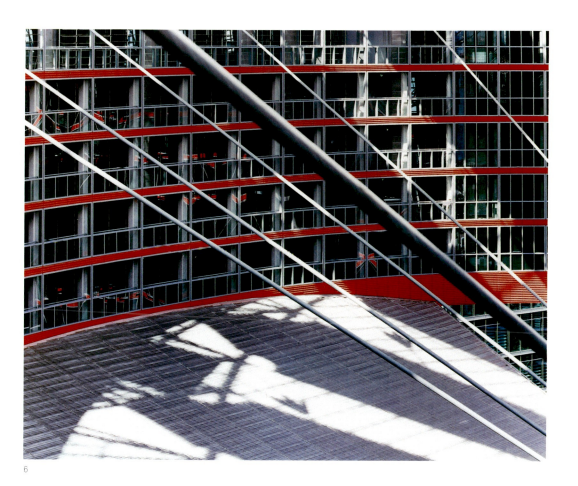
6

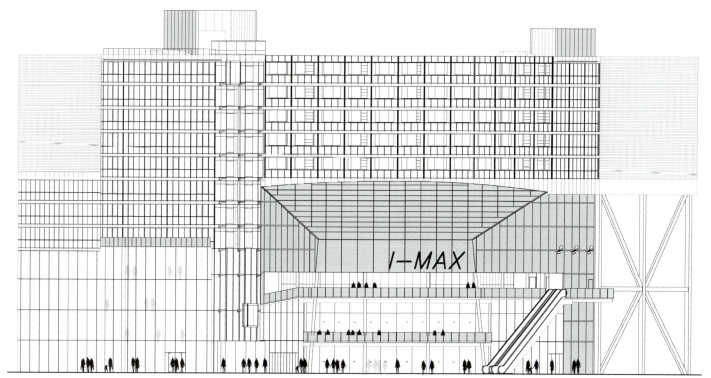
7

索尼中心——IMAX／城市广场公寓住宅

对面页：
IMAX 剧场和零售店
9　公寓住宅入口

10　公寓住宅温室
11　温室的立面／平面／剖面
12　连接公寓住宅的开放步行道

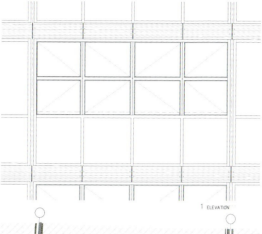
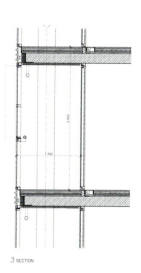

9

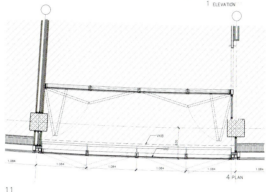

10　11

12

索尼中心——IMAX／城市广场公寓住宅

# 索尼中心——波茨坦街办公建筑
Sony Center-Office Building Potsdamer Strasse

1 标准层平面
2 总平面／地面层平面
3 西立面
对面页：
西面

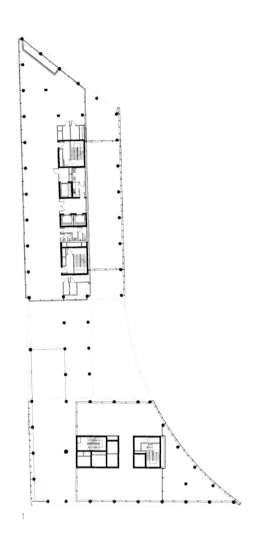

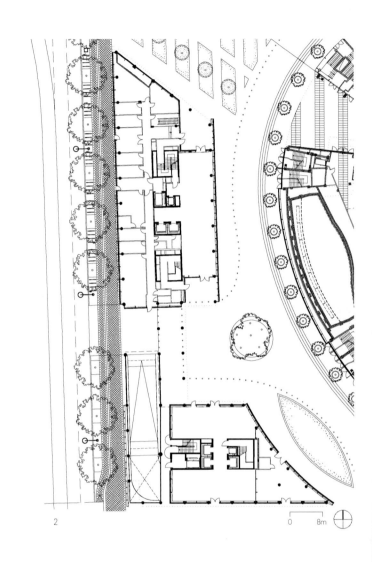

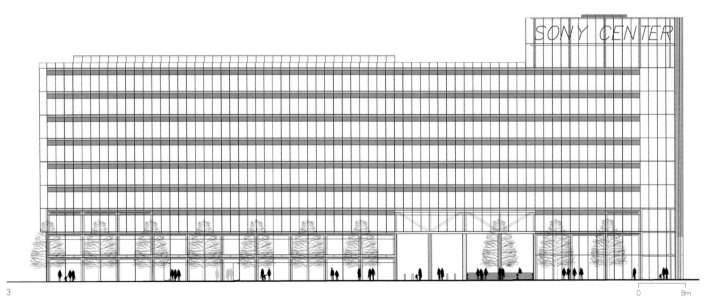

5 沿着波茨坦大街的南立面
6 在通道位置的转角细部
7 从波茨坦大街进入通道的入口

6

7

索尼中心——波茨坦街办公建筑 **89**

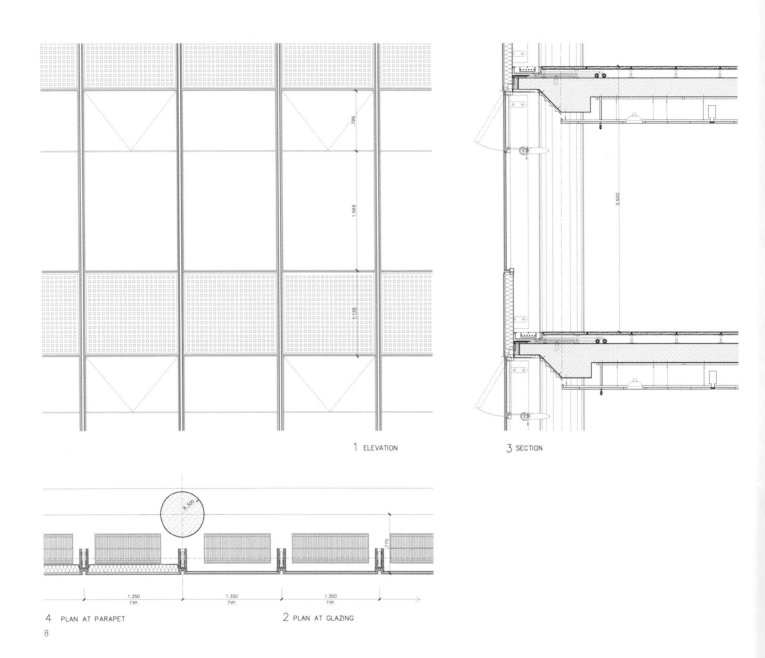

1 ELEVATION
3 SECTION
4 PLAN AT PARAPET
2 PLAN AT GLAZING

8 正面的立面／平面／剖面
对面页：
有纹理的金属窗间墙和玻璃立面

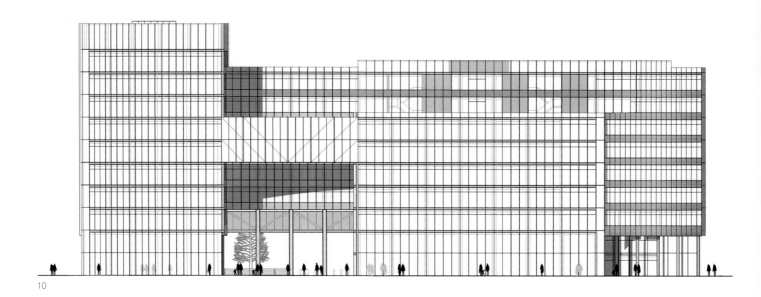
10

11

10 东立面
11 窗扇打开的东立面
12 连接细部
13 立面幕墙平面
14 西入口大门

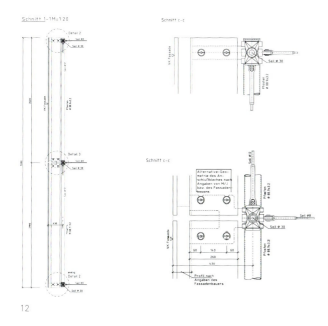

12

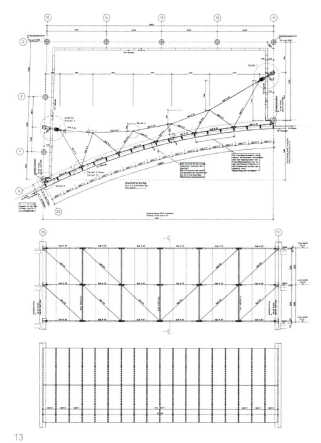

13

14

索尼中心——波茨坦街办公建筑

15  大堂／问讯台／织物墙
16  监控显示器
17  电梯厅入口
18  电梯室

对面页：
　　拥有玻璃顶棚、织物墙面和发光问讯台的大厅

15

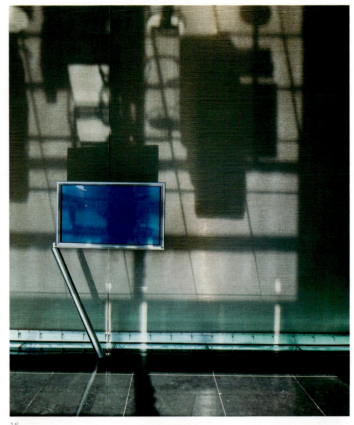
16

17

18

# 索尼中心——索尼欧洲总部
Sony Center-Sony European Headquarters

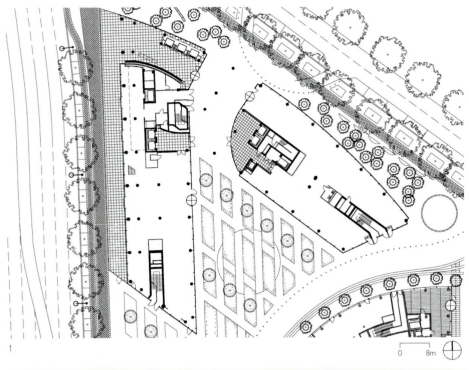

1

2

3

1 总平面／一层平面
2 大堂
3 带有露天花园的北面

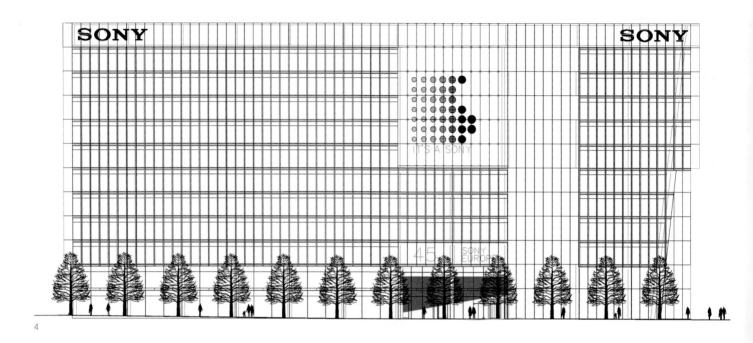

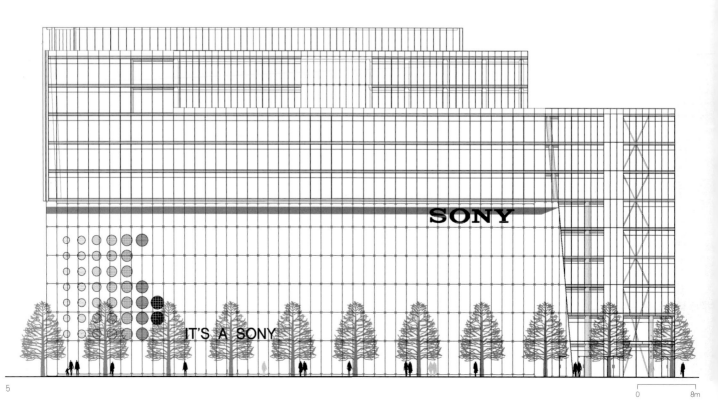

4 北立面
5 西立面
6 温室墙面细部
7 东北角外观
8 带有露天花园的通道

索尼中心——索尼欧洲总部 99

9 带有温室的低层平面
10 带有露天花园的高层平面
对面页：
　带有露天花园的内部庭院

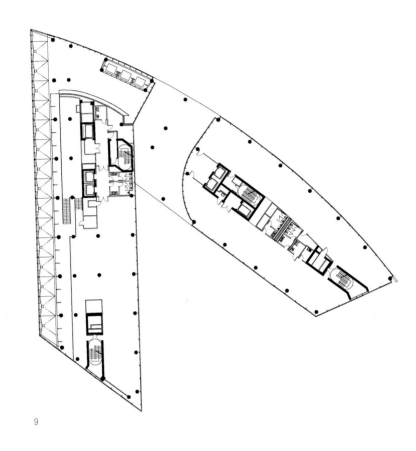

9

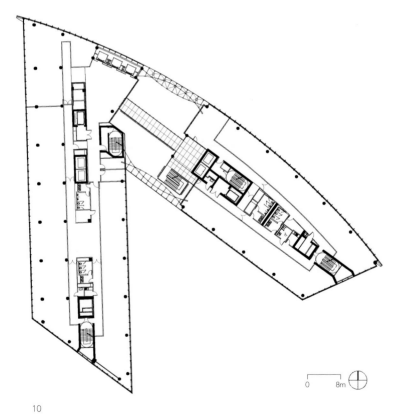

10

对面页：
运用了玻璃和轻钢技术的露天花园
13　温室地面锚固剖面
14　透明的温室
15　温室的不锈钢杆件

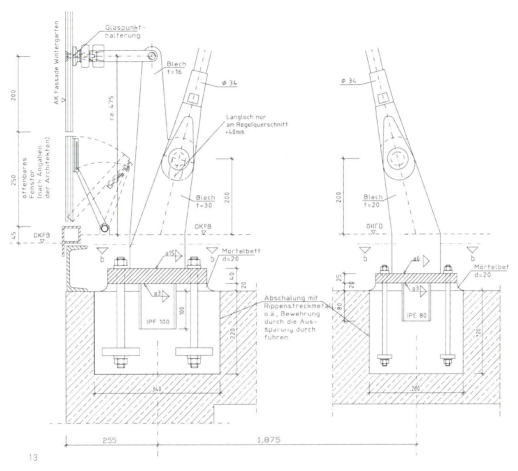

13

14

15

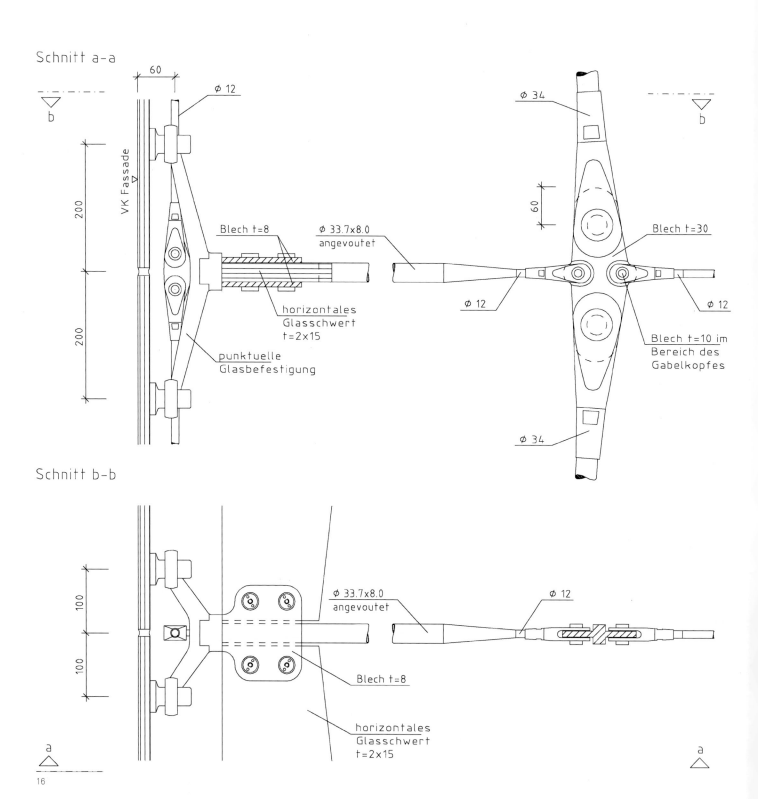

16 玻璃和钢的连接的平面和剖面图
17 露天花园外部
18 温室的外墙
19 温室的连接细部
20 露天花园的连接细部

17

18

19

20

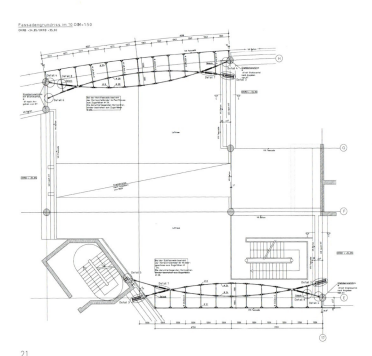

21
Schnitt M=1:50

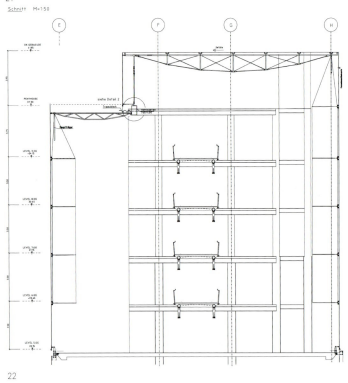

22

23

21 露天花园平面
22 露天花园剖面
23 露天花园和办公楼标准层立面
24 带天窗的办公室室内
25 露天花园内墙

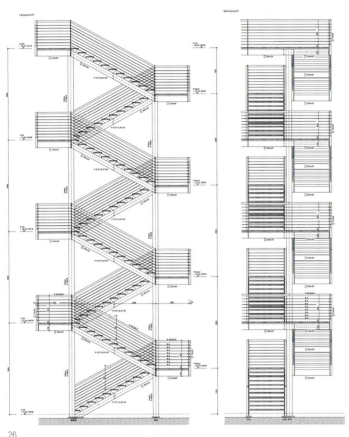

26

27

28

29

26 楼梯立面
27 和 28 楼梯细部
29 栏杆细部
对面页：
楼梯塔露天花园

31 连接桥光庭
32 光庭里透明的墙
33 桥

32

33

# 索尼中心——城市广场办公建筑
## Sony Center-Forum Office Building

1　总平面／一层平面
2　北立面
3　带有通道和城市广场大门的北面
对面页：
　　从带有城市广场大门的通道看城市广场办公楼

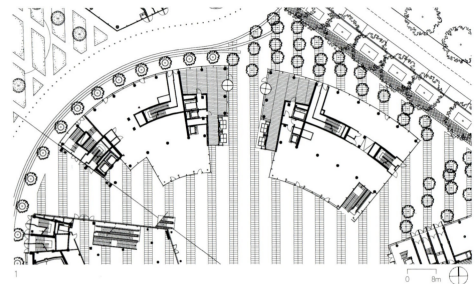

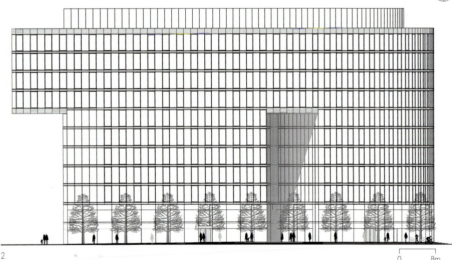

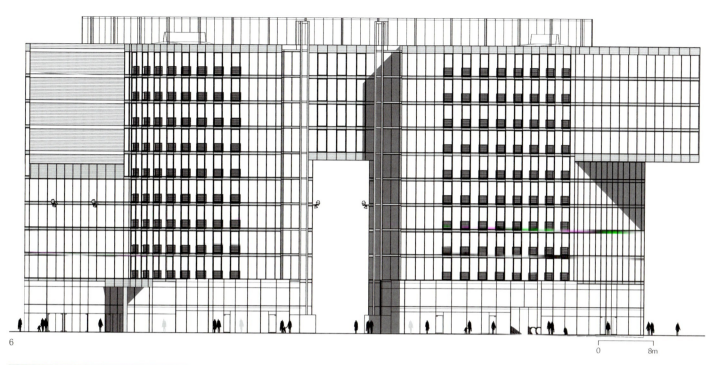

对面页：
从地面到顶棚具有可开启窗户的城市广场正面
6  南立面
7  办公楼大堂
8  发光的接待桌和钢网眼墙面

9 幕墙立面／平面／剖面
10 城市广场的法式阳台和枢轴窗

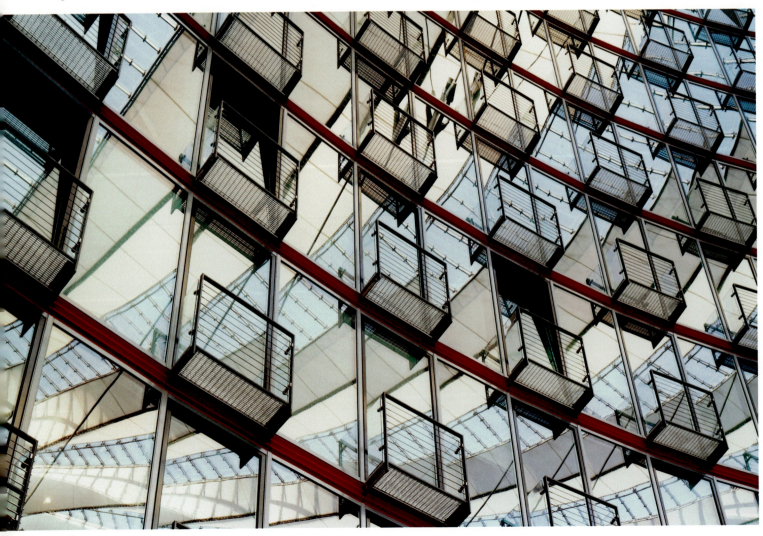

# 索尼中心——旷地公寓住宅
Sony Center-Esplanade Apartments

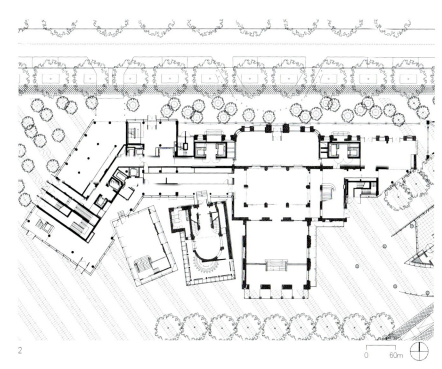

1　法式阳台细部
2　总平面／一层平面
3　在广场旅馆上面的广场公寓住宅北立面

对面页：
广场公寓住宅伸入城市广场
5 较高层平面
6 较低层平面
7 南立面

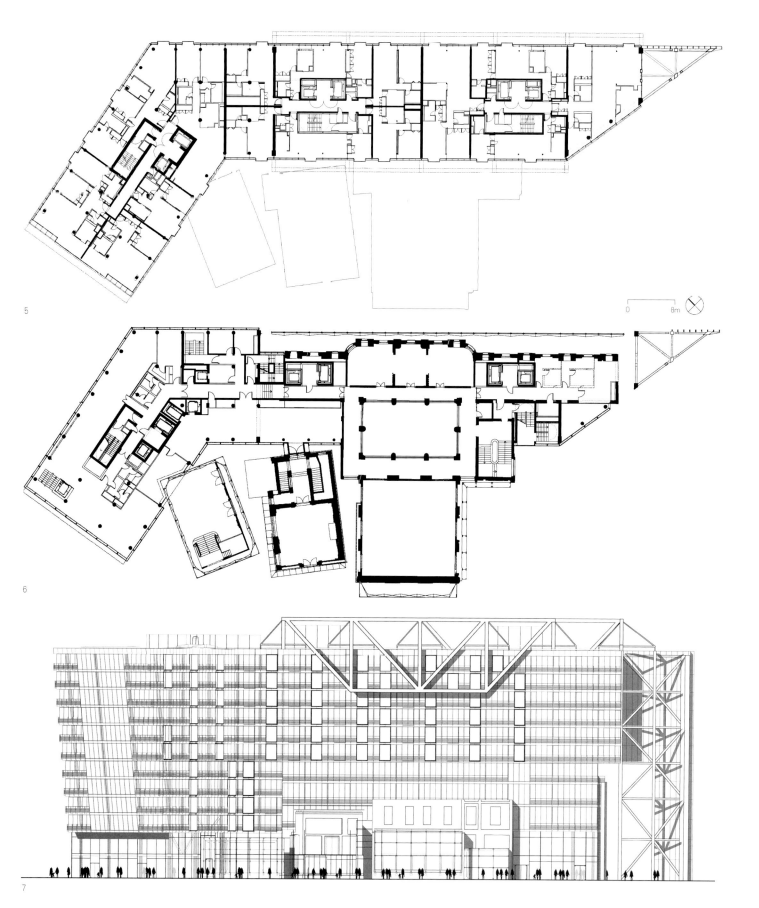

索尼中心——旷地公寓住宅 119

8

9

10

8 公寓住宅起居区带有玻璃凸窗并被法式阳台环绕
9 公寓住宅入口走廊带有玻璃凸窗
10 具有历史意义的广场旅馆的室内玻璃展示窗
对面页：
　拥有连续室外栏杆和玻璃凸窗的南立面，以及展示具
　有地标意义的广场旅馆的玻璃橱窗

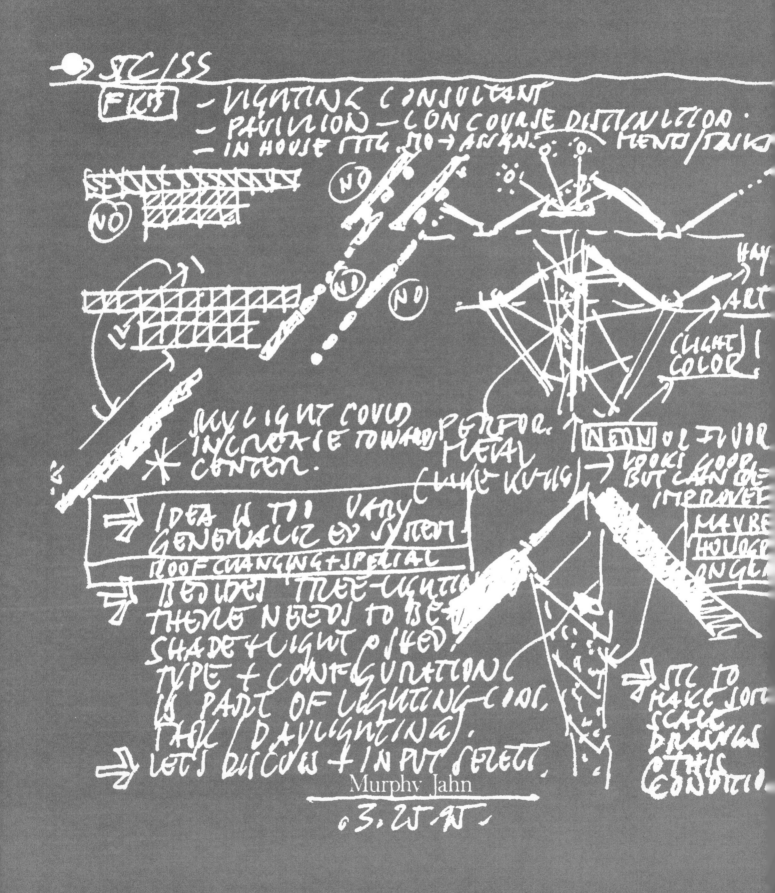

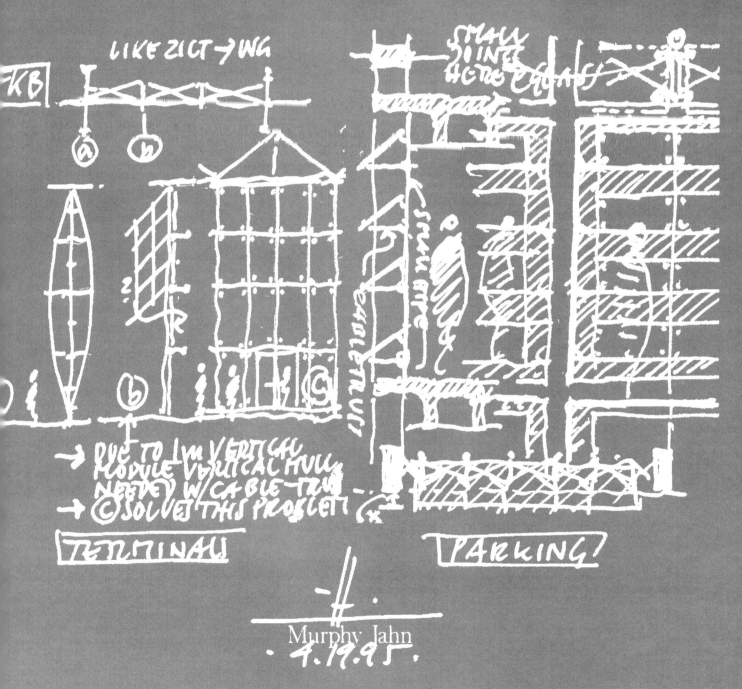

# 科隆机场，波恩
## AIRPORT COLOGNE/BONN

德国
设计／竣工 1992/2000
面积：69000m²
体积：462400m³
主体层数：5
乘客容量／年：600万
带登机桥的大门：8个
汽车大门：4个
登记柜台：40个
售票柜台：22个
屋顶高出停机坪：16.5m
屋顶高出到达道路：21.70m
立面长度，后勤一侧：180m
立面长度，机场一侧：300m
建筑进深：75m

1

### 理念

由保罗·施奈德·冯·埃斯莱本设计、建于20世纪50年代的科隆机场，是一座永恒的标志物。清水混凝土制成的张开成U形的平面布局，停机、着陆、到达和出发之间的紧密联系，以及其星形广场满足了那个时代飞行旅行的需要。随着交通和乘客的处理方法改变，乘客量增加，机场变得有些陈旧了。

1992年，墨菲／扬通过一个国际竞赛获得2号候机楼的委托，还有两层路面结构，2号和3号停车楼，以及一个地下火车站。2号候机楼和停机结构现在已经完成了，车站还在建设过程中。

2号候机楼延续已存的候机楼U形布局的一条腿。它下部的轮廓延伸已存建筑的水平感。虽然已存建筑是混凝土制成的且十分坚固，新建筑由预制钢和玻璃组件建在清水混凝土基础上，创造出一种十分轻巧和透明的外观效果。

线性广场和正面大门对于离开和到达的乘客来说，理念清晰、简单、易于感受到。到达和离开2号停车楼的通道，提高的路面和车站以及飞机，都是充满光线和易于理解的愉快旅程，它们使旅客的水平和垂直运输变得简单易行。

### 技术组成

建造理念运用预制钢结构系统和构件，加强了透明感和轻盈感。

建筑由30m×30m的树状钢结构模块组成，支撑连续的有北向天窗的折叠屋顶板。

屋顶由面板组成，即所谓的"细胞"，通过简单的螺栓结合放置在折叠板上，交接处作防水密封处理。这些单元设计用来满足不同的功能，例如采光、遮蔽风雨、室外隔热、室内保温、隔声和吸声以及排烟通风。这是一系列建筑措施的第一步，这些建筑措施通过将不同种类的单元组合在一起从而创造出拥有自我调节能力的表层。这样一来，建筑的屋顶或立面再不是拥有恒定特性的产品，而是生物表皮的科技等价物。

立面是一个轻质的、钢柱支撑的钢和玻璃结构。太阳能玻璃板由"蜘蛛"状节点支撑在其交接处。

同样先进的轻质和玻璃技术运用于玻璃扶手、电梯、固定的和可移动的伸缩式桥、玻璃楼板和楼梯。

温湿度调节过的空气通过独立式空气管传送到出发大厅，这些空气管被组合在用来支撑屋顶的树状钢柱内。返回的空气同样是

1 出发大厅夜景
2 设计草图——剖面
3 2号候机楼，2号和3号停车楼

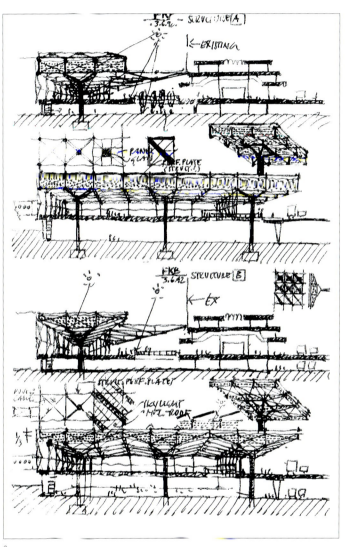

通过空气管从屋顶区域返回到位于行李认领厅下面的空气处理站。藏于立面后的风机盘管提供附加的暖气和冷气。出发大厅里只有下面三米的空间被加热或制冷来为乘客提供一个舒适的区域。这种温度的分层在步行平面上创造出一个经济的调节层，并在高水平面上创造出一个有效的对外热缓冲区。

科隆机场，波恩

4　南立面车行道，西立面
5　总平面
6　出发车行道
7　30m × 30m 的树状钢柱支撑折叠钢板屋顶
对面页：
　　树状结构支撑出发车行道上方的屋顶／步行通路

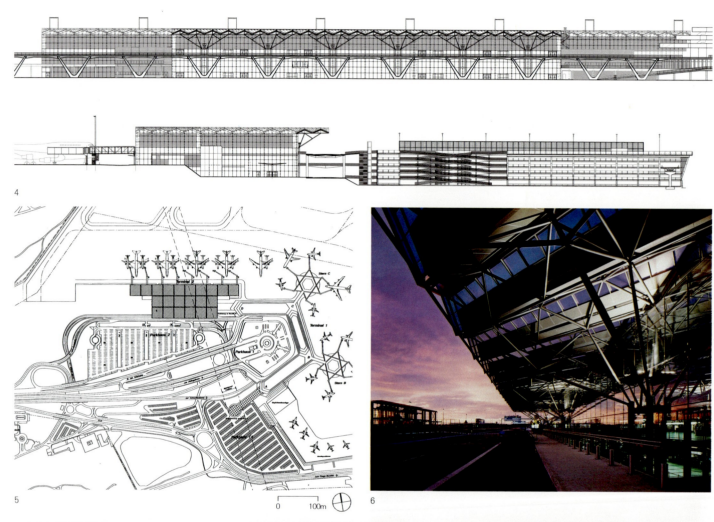

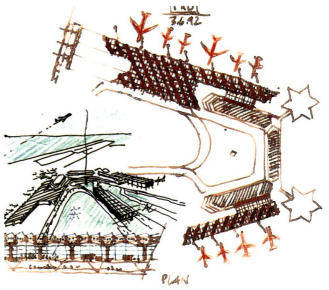

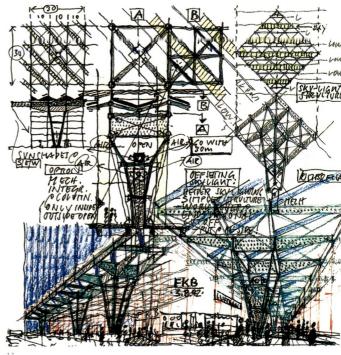

9 停车楼的出发层
10 设计草图——概念
11 设计草图——结构
12 停车楼的玻璃电梯／金属平台
下页图：
  树状结构，HVAC，票务柜台后的商店

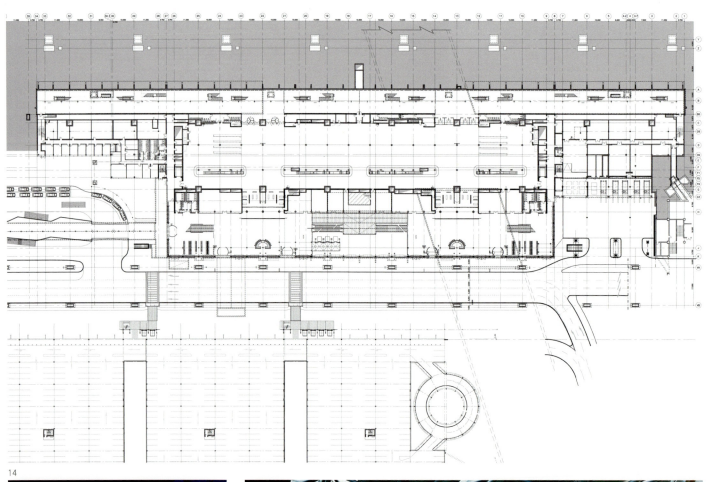
14

15

16

14 较低层，到达/行李认领层平面
15 轻质钢索支撑的钢和玻璃立面
16 出发大厅和下面的到达大厅
17 上面的出发层平面
18 通往登机通道的固定桥
19 登机通道

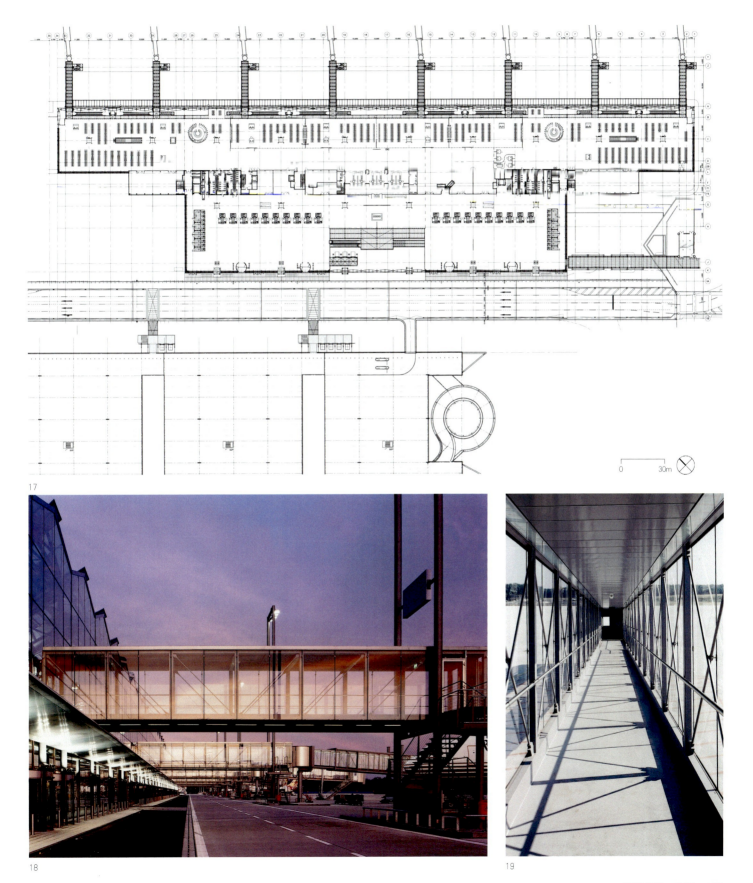

17

18　　　　　　　　　　　　　　　　　　　　　　19

科隆机场，波恩

20　带有阳光扩散面板的北向天窗／屋顶服务楼梯
21　轻质钢结构因阳光和天棚显得效果丰富

20

22 出发层和到达层之间的垂直通道
23 上面的出发层，商店／行李处理层，到达层／行李认领层，有火车通往1号候机楼

24 正面轴测图
25 轻质钢索支撑的钢和玻璃立面
26 柱础细部

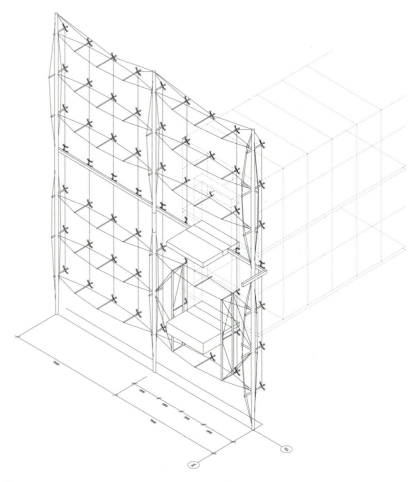

24

25

27 正面／屋顶连接
28 屋顶单元剖面
29 带有单元式天窗和玻璃楼板的出发层

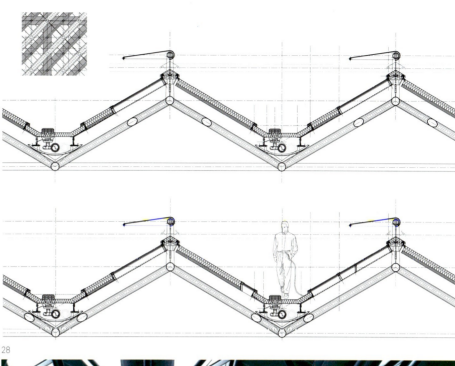

28

29

前页图：
出发大厅／等候区域
31 和 32　票务柜台设计草图
33　通长票务柜台

科隆机场，波恩　145

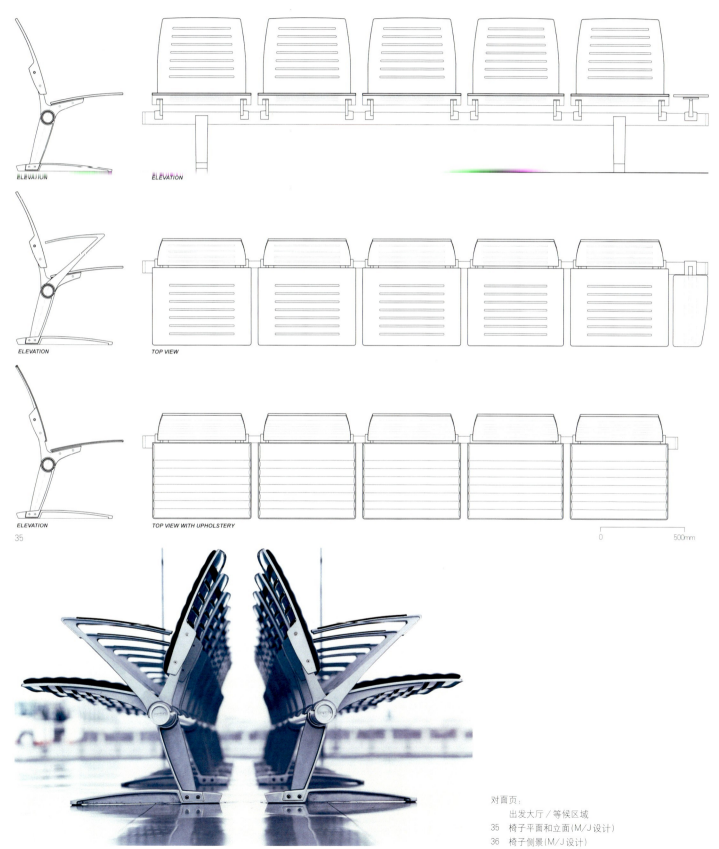

对面页：
出发大厅／等候区域
35 椅子平面和立面 (M/J 设计)
36 椅子侧景 (M/J 设计)

科隆机场，波恩 147

37 树状结构和立面结构设计草图
38 立面结构平面和剖面
39 到达走廊

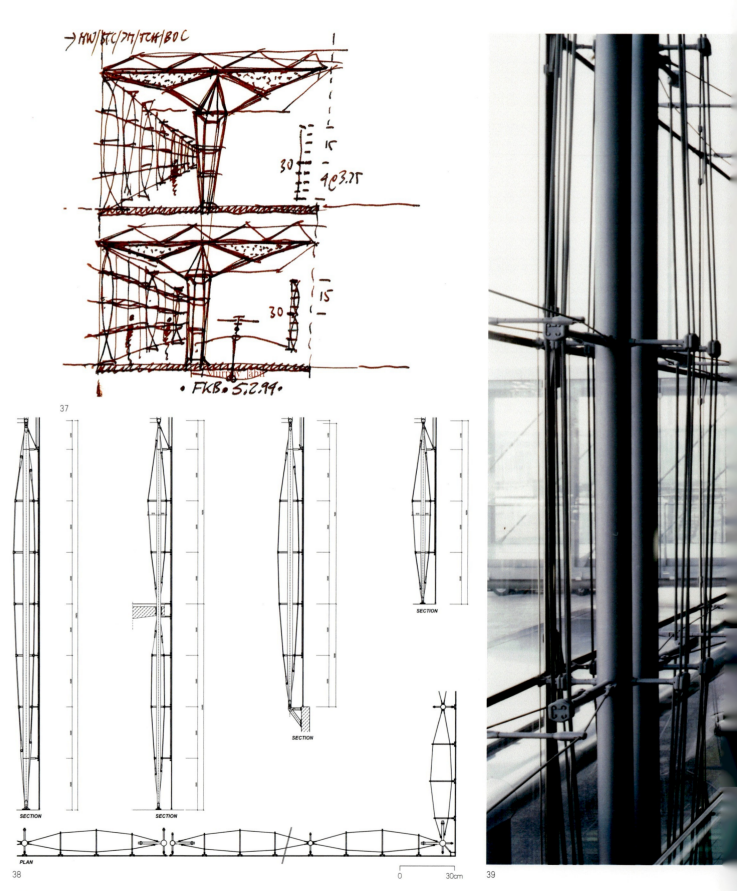

40

40 透明的外墙面可以远眺飞机
41 连接桥设计草图
42 2号候机楼／桥／登机通道的连接
43 机场边

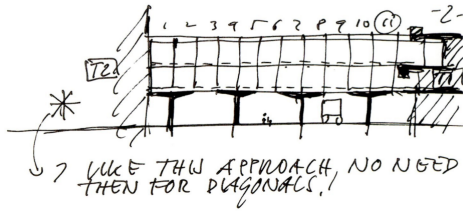

41

42

43

### 2号和3号停车楼

为了降低建造成本，停车层结构由预制混凝土改为外露的钢。长边的每一段由整块的不锈钢丝网幕墙覆盖。当穿过它们或开车经过它们时，由于照明条件的变化，它们的外观从不透明到透明不断变化，产生奇妙的效果。巨大的楼层板设有一些采光天井，目的是获得自然通风和日光。它们的墙由布满攀缘植物的钢缆网格或不锈钢横杆组成，墙的末端也是如此。电梯／楼梯井由优雅的钢结构组成，拥有玻璃轿厢和不锈钢楼板。

### 火车站

地下4轨道的火车站被一个微拱的玻璃屋顶所覆盖，用钢管支撑，200m长的钢管突出于地面。

2号候机楼是旅途的开始或结束之处，它及其相关的结构代表了FKB、科隆和波恩以及作为现代科技城市的区域。这是第一或最后的印象，也常常是决定性的印象，影响到与这个地方的关系。机场成为一个外围区域的中心，远离城市，在全球网络中显得越来越重要。

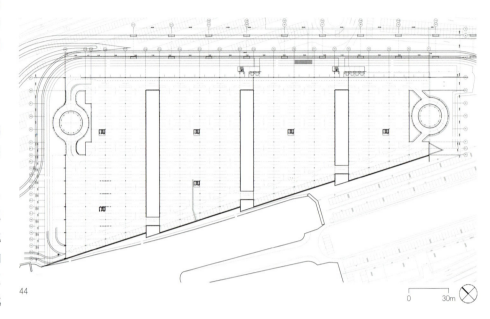

44

45

44 平面图
45 靠近幕墙的车行道
46 立面

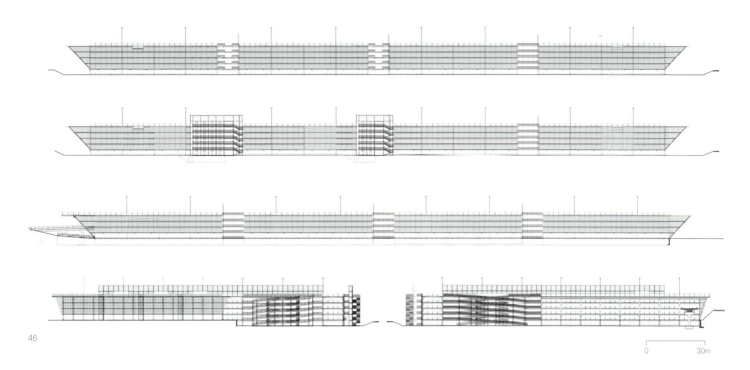

46

科隆机场，波恩

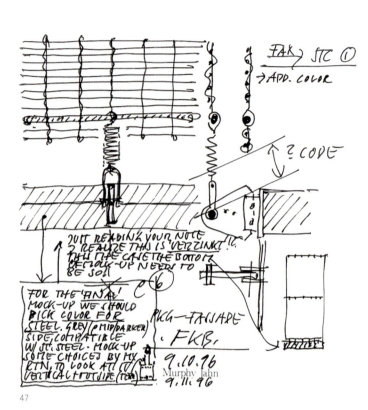

47 金属丝网连接设计草图
48 不锈钢丝网幕墙细部
下页图：
　　透明的钢丝网幕墙

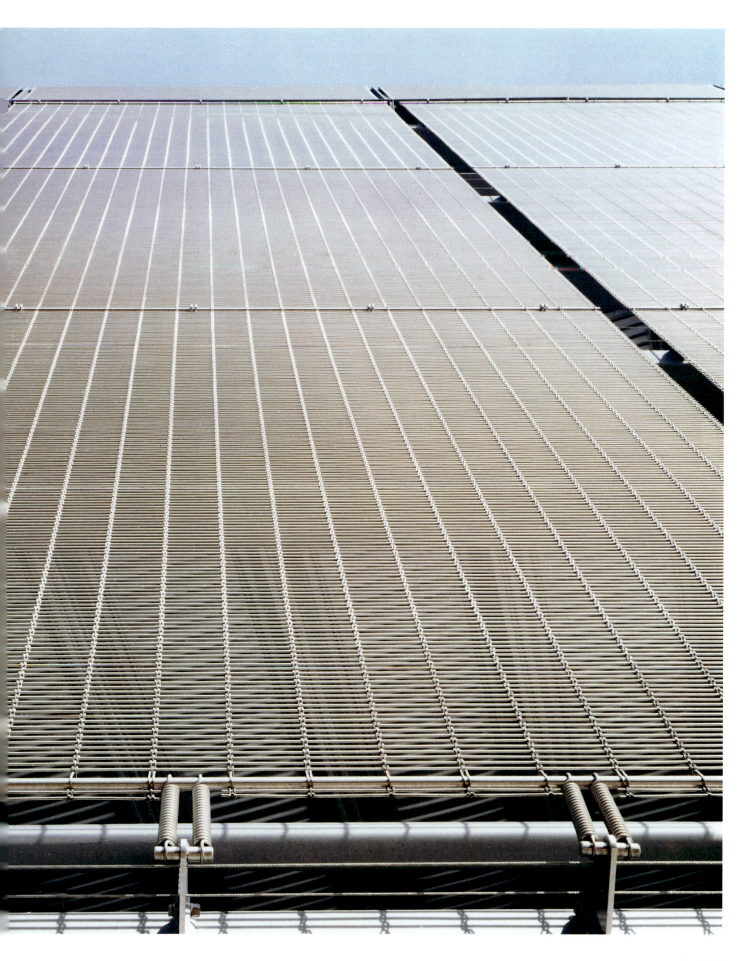

50　楼梯塔平台
51　由透明变为不透明的幕墙和电梯／楼梯塔

50

51

53

52 停车入口
53 环形汽车坡道

科隆机场，波恩 **161**

对面页:
　　伸出的幕墙
55　光庭实现自然通风,同时丝网墙面上覆盖了攀缘植物

55

56　丝网墙被攀缘植物覆盖
对面页：
　　从上层看采光／自然通风庭院

56

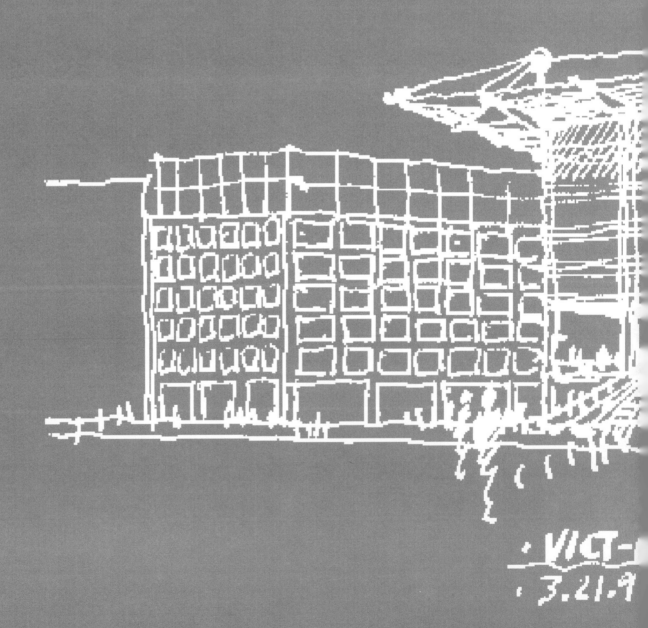

# 新花环角
## NEUES KRANZLER ECK

德国，柏林
设计／竣工 1992/2001年
73000m²
2座建筑——16层
1座建筑——10层

1988 concept

1995 final scheme

1957 Hans Dustmann concept

**理念**

这项工程可追溯到1988年，柏林墙倒塌的前一年。在一项邀请赛中我们提出用一个114m的高塔代替基地上已有的建筑，表明新柏林是一个统一的德国的首都。

这项工程并没有向前进，当前任业主维多利亚·韦尔西克伦在1992年继续这项工程的时候，柏林的规划态度已经改变。汉斯·施蒂姆曼(Hans Stimmann)，新任建筑和工程参议员倡导一个"批判性的重建"政策方针，目的是以一种新的方式重塑传统欧洲城市的特征。

经过对一系列不同设计的研究，为城市选定了一项计划。维多利亚于是将项目卖给了德国房产基金股份公司，后者完成了这个项目。

最终的计划保留由汉斯·杜斯特曼设计、建于1957年的已存标志性建筑物，并通过从库尔弗尔斯滕达姆延伸到康德街的板式高层建筑使最初的平面完整。

在统一的景观设计概念中，规划方案提供周围街道和此地区一连串不同城市空间之间的城市联系。就像我们从历史上知道的一些原型一样，人们在库尔弗尔斯滕达姆和康德街之间将经历一个带玻璃顶的通道，在正中央处进入一个巨大的门，此门是通向凉廊和庭院的入口，庭院周围围绕新老建筑，其中一个大金字塔作为中央装饰物。这个庭院的两扇大门通向康德和约翰明斯特哈勒街。沿街的零售店和餐馆加强了城市活动，使公共和私密空间交织在一起。

建筑布局在平面上与城市格网的角度特征呼应，同时从体量和高度上介于已存建筑、典型柏林街区高度以及板式高楼之间。这些要求贯穿整个项目，控制天棚、突出翼楼、玻璃屋顶以及立面的改变等。

**都市景观**

这项工程沿库尔弗尔斯滕达姆街以明确的形式形成了都市景观的一个组成部分。受一些地标的影响，如纪念教堂的新老建筑、门德尔松全球电影院、布满已存建筑的科纳·贝斯以及前面曾提到过的库尔弗尔斯滕达姆街70和119号，通道入口处的三角形玻璃尖端成为"城市标记"，并通过扬·凯尔萨莱的轻质雕塑得以加强。当颜色从红转向蓝再转向白时，三角形空间呈现从有形到无形、白天到黑夜之间的不同景象，并建立起一个街区周围商业氛围的控制点。

其他从通道、庭院或建筑物顶部伸出的玻璃和钢板发挥了玻璃潜在的视觉效果，反映并加强建筑的几何形式，并在加强和模糊建筑边界之间不断变化。

1 沿着库尔弗尔斯滕达姆街被地标建筑物围绕的都市景观
2 与城市格网相呼应的建筑物角度特征
3 面对铁路和城市的北立面

### 技术

建造和技术概念都很简单，使用一系列构件。混凝土框架暴露在外，外面覆双层玻璃、不锈钢立面，以及承重玻璃竖框。所有的附属和空调设施均散布在活动地板里。这种带排气系统的楼板通过立面处的吊装制冷和采暖面板得以完善。悬浮的灯具提供直接和间接光。可拆卸隔断创造一种灵活的办公环境。一个电脑控制的楼宇管理系统管理集中或分散的灯光、温度、遮阳和窗户开关控制。这样建筑物既与外界气候条件相适应又获得了舒适的室内环境。

4 设计构思草图
对面页:
沿着库尔弗尔斯滕达姆街的南立面带有玻璃尖端和玻璃天棚

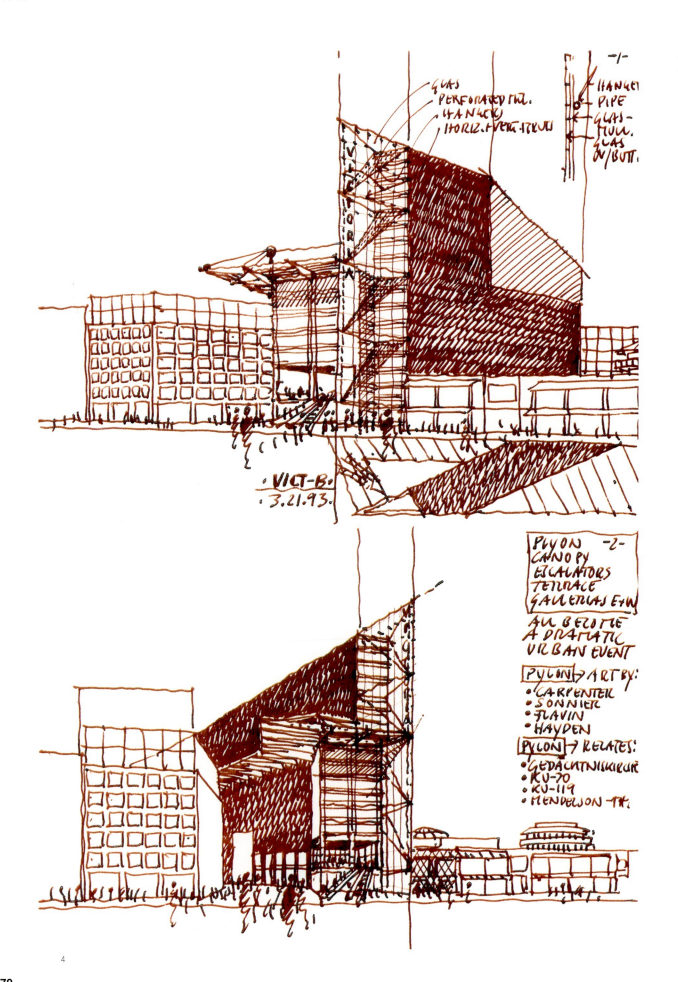

前页图:
地面层旁边有零售商店的有顶通道
7 总平面／一层平面
8 七层平面
9 三角形玻璃尖端的都市景观
10 八层平面
11 十二层平面

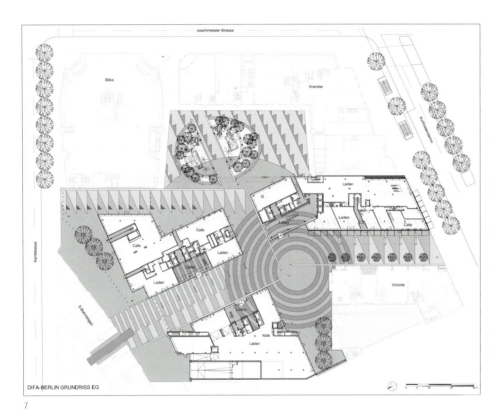
7

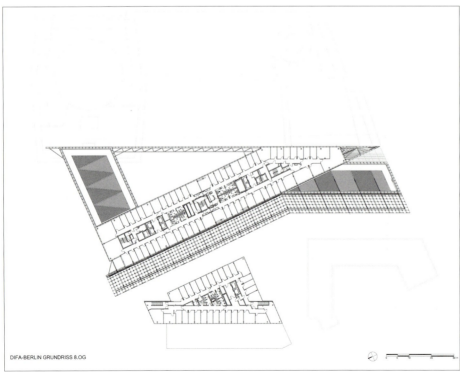
8

9

DIFA-BERLIN GRUNDRISS 7.OG

10

DIFA-BERLIN GRUNDRISS 12.OG

11

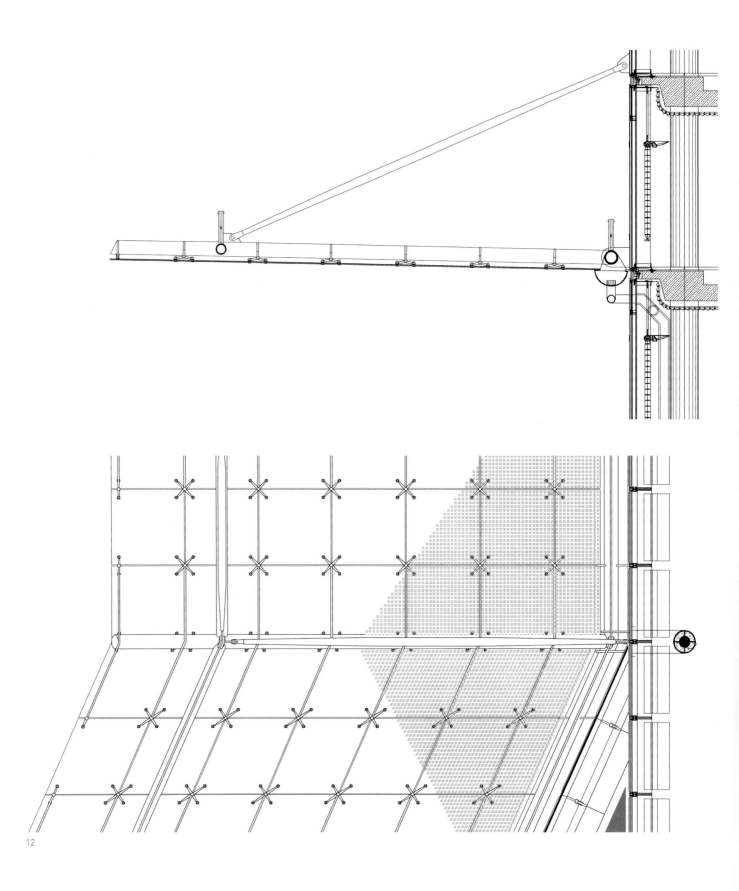

12 天棚剖面和平面
13 面向库尔弗尔滕斯达姆街的通道
14 玻璃天棚下通道的夜晚照明效果
15 面向北部火车线路的通道
16 建筑立面和天棚相互映射

13

14

15

16

对面页：
  通往凉廊和庭院的正中央大门入口
18 通道设计草图
19 伸出的一翼墙体

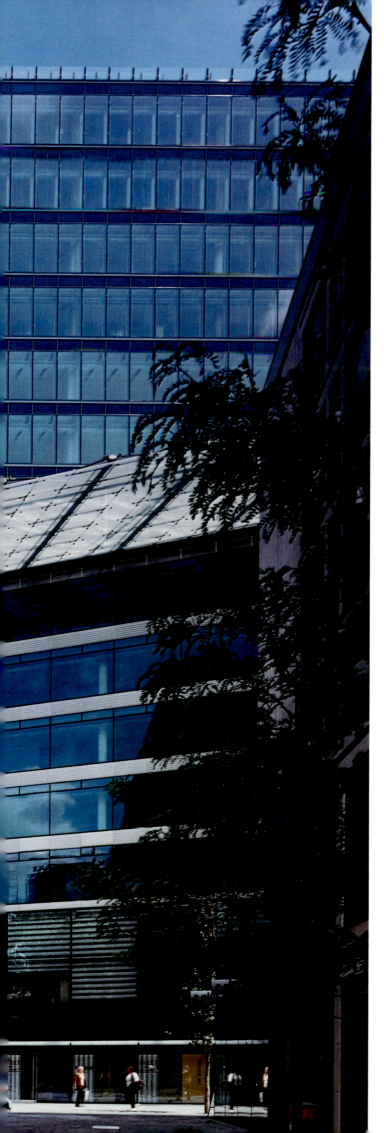

18

19

20 幕墙设计草图
21 通道入口处三角形的玻璃围合尖端成为一处"城市标志"

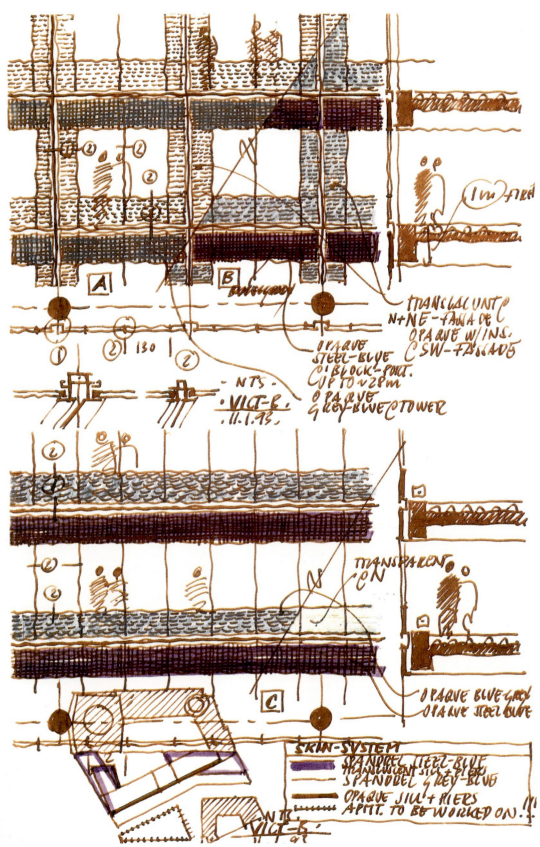

20

22 扬·凯尔萨莱的轻质雕塑与尖端
23 电梯厅
24 从凉廊看庭院
25 西立面

新花环角 183

26 店面剖面和平面
对面页：
　玻璃尖端细部

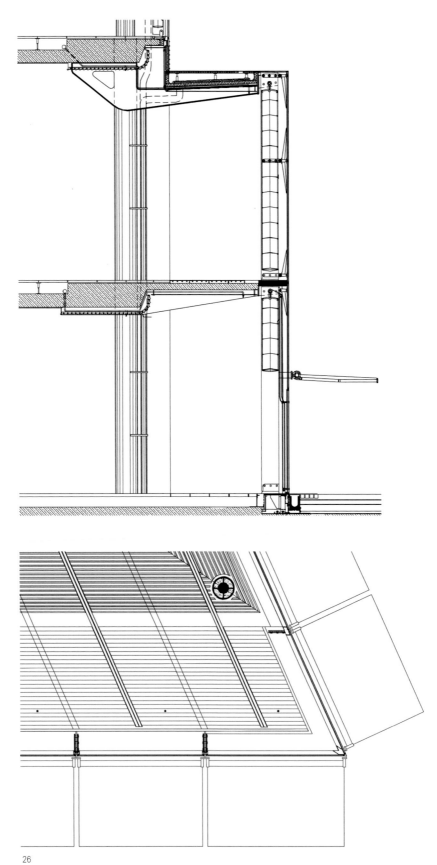

26

28

29

28　从庭院看凉廊
29　幕墙细部

30　庭院中伸出的幕墙
31　庭院中的步行道
对面页：
　　庭院的金字塔作为中央装饰品

30

31

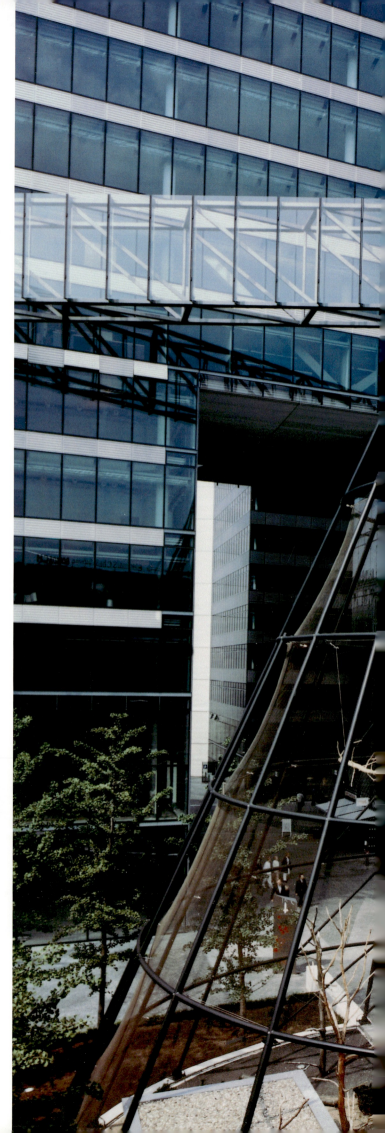

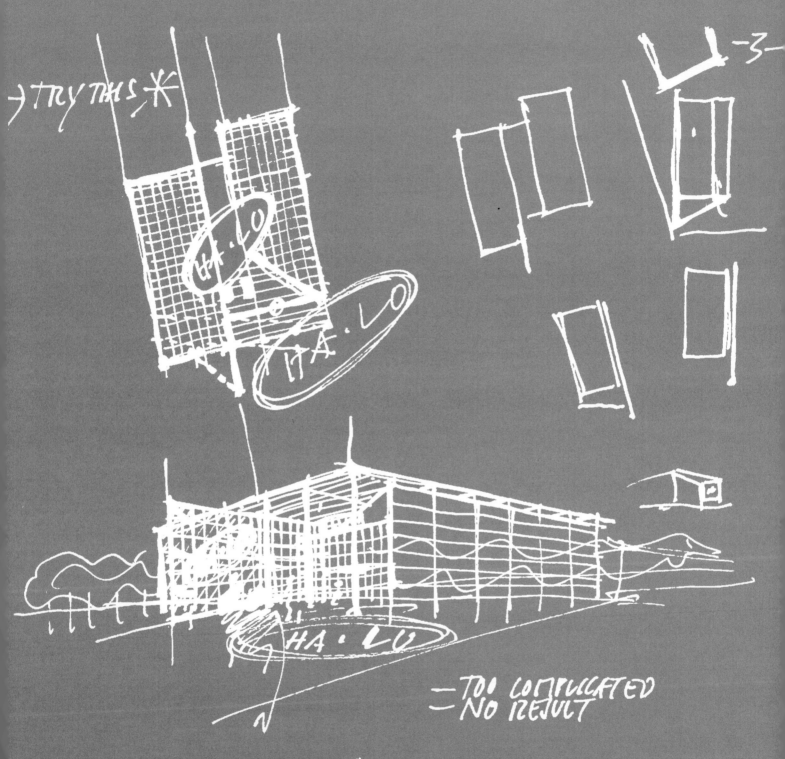

# HA·LO 总部大楼
HA·LO

奈尔斯,依利诺伊州,美国
设计/竣工　1998/2000
263000m²
7层
2层高自然采光陈列室

1

### 理念

HA·LO 是很久以来我们第一个在美国的项目。自从20世纪80年代早期我们承担德国法兰克福的梅斯·哈雷项目和梅斯塔楼以来,我们在欧洲的项目增加而美国的项目减少了。这是因为欧洲委托方具有更高的期望值,提供更大的支持,以及用来完成任务的专业工程和施工业有较高的技术水平——且他们愿意接受挑战。而且他们对可接受的环境目标有更高要求,环境目标处理能源以及舒适度等问题,用于产生更加高级的建筑及其系统。

HA·LO 的奠基人,路易斯·魏斯巴赫(Louis Weissbach)为美国提供了一个类似的机会。今天,HA·LO 是美国最大的市场销售和推销产品公司。其奈尔斯的新总部大楼位于芝加哥的西北部,公司希望建筑像商店一样展示产品,开敞,易于了解,并且无论对负责人还是对雇员来说都是一个愉快的工作环境。

基地位于一个正在改变的工业区里,它提供了很少的设计线索,却产生了建筑的几何形式。这个简单的方盒子前后两个面被不同的水平或垂直方向幕墙覆盖,形成通向街道和停车场的廊,并显示公司的标志。幕墙根据照明情况的改变呈现透明或不透明的效果,用以加强或模糊建筑的边界,改变与周围环境的融合度。

所有的功能围绕一个有三台玻璃电梯的7层中庭来组合。在最上面两层,中庭和一个两层的带天光的展示 HA·LO 产品的陈列室连接在一起。

### 技术

外墙由楼板边缘之间的单层绝缘玻璃制成。中央控制的室内遮阳片提供遮阳并改变外观效果。室内靠一个低速排风系统调节,并通过活动楼板中沿立面设置的风机盘管来控制最大负荷。活动楼板提供了安装和使用中的灵活性,不会影响到其下的楼板。混凝土顶棚保持外露并通过间接光源照明。这种结构可以最大限度地利用室内空间,并可充分利用混凝土的蓄热性能。

与常规的办公空间相比,最后得到的是一种"阁楼"形式的空间。建筑物的组成部分如结构、围护体和辅助设施等被组合在一起,并服务于多重目的。

1 伸出的凉廊加强了建筑物的总体感
2 东面有凉廊伸出
3 立面设计概念草图

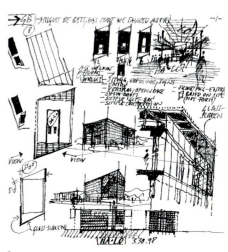

4　西北面有透明的和实体的幕墙
5　总平面
6　一层平面

7 一层平面
8 二层平面
9 遮阳百叶取量大值时控制阳光射入建筑室内
对面页:
　北立面有玻璃幕墙和凉廊伸出

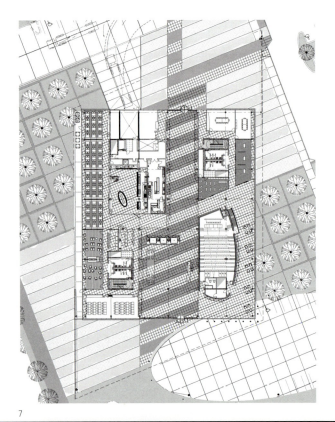

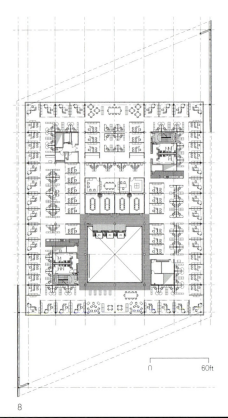

对面页:
入口处凉廊和玻璃幕墙
12 南立面,凉廊以及清晰的入口和上面的陈列室

12

HA·LO 总部大楼

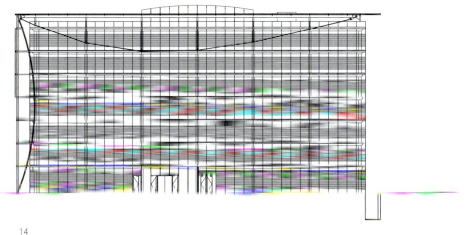

14

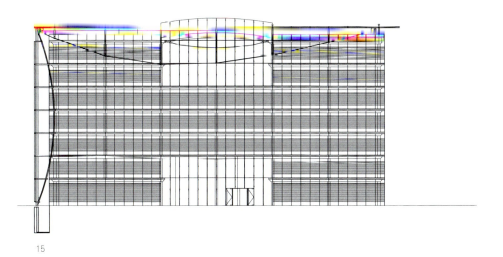

15

13 玻璃幕墙和建筑相互映射
14 北立面
15 南立面
16 东立面
17 西立面
下页图：
 透明的玻璃面被玻璃肋支撑

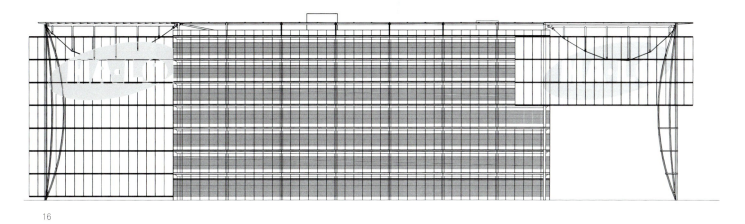

16

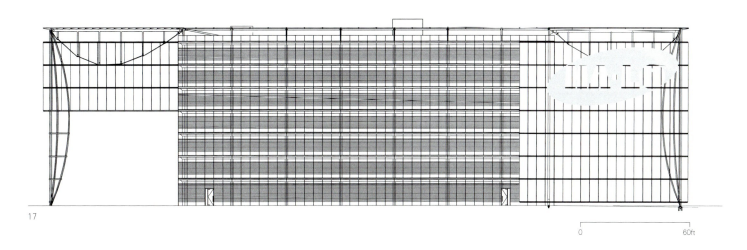

17

HA·LO 总部大楼

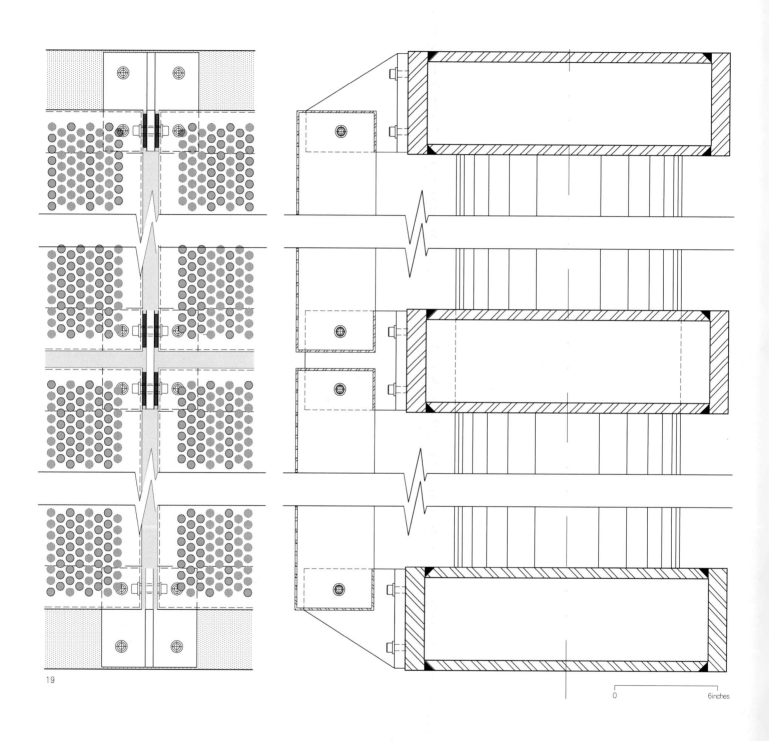

19 幕墙立面和剖面
对面页：
从地面到顶棚的玻璃幕墙立面

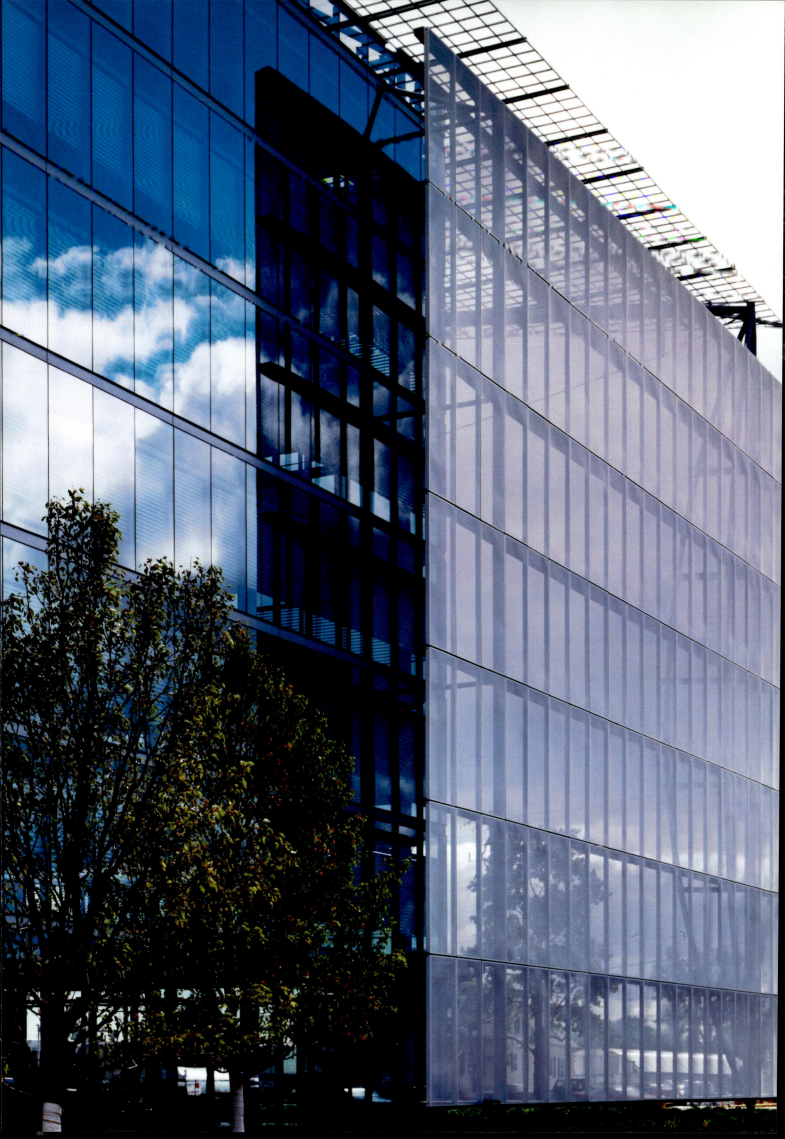

21　幕墙立面和剖面
22　透明的幕墙
23　实的幕墙
24　幕墙设计草图
25　柱子细部平面、立面和剖面

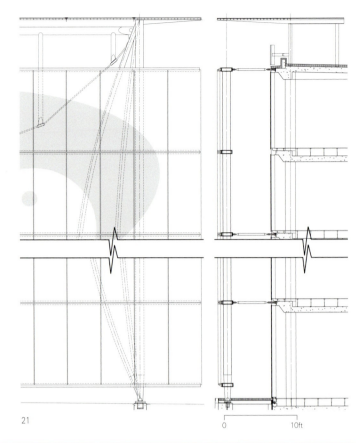

21

22

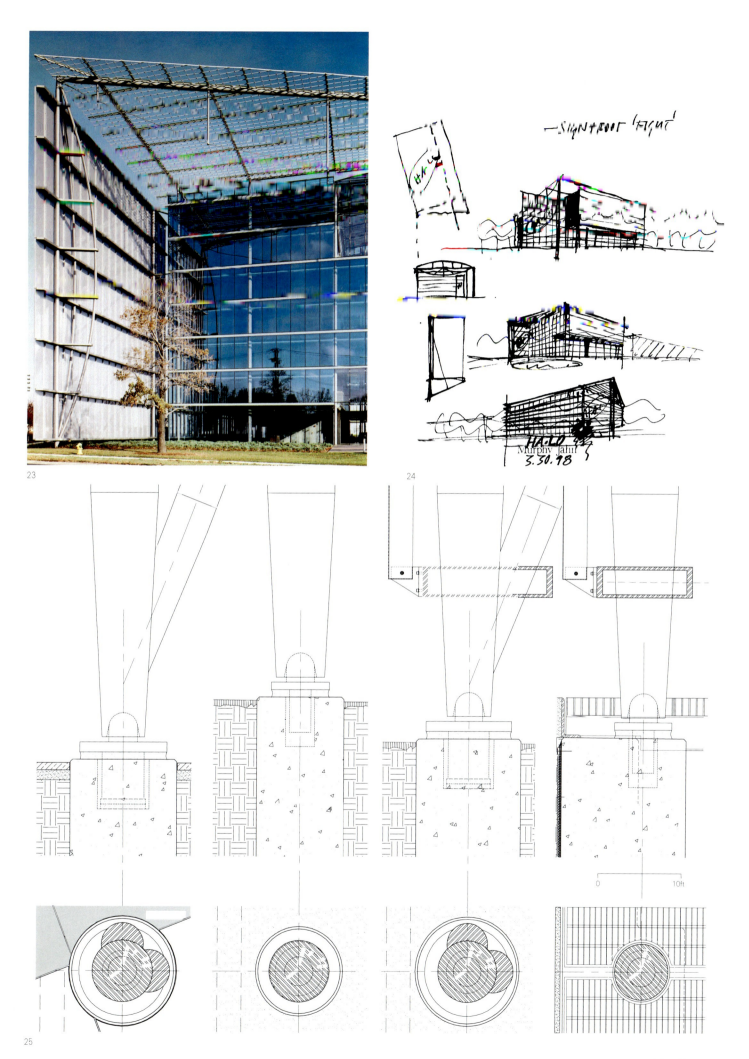

26 东－西剖面
27 玻璃电梯轿厢
28 连接陈列室到行政管理层的楼梯

对面页：
带有玻璃电梯的7层高的开放庭院被阁楼型的办公室环绕

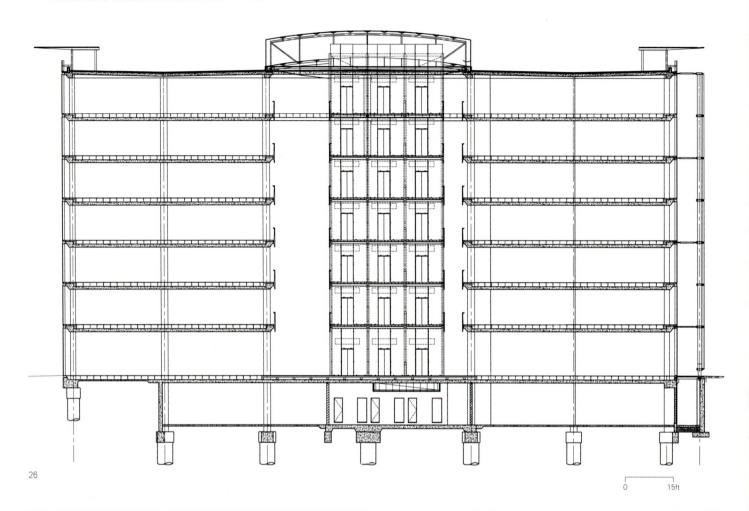

26

27

28

30 两层高的光庭／陈列室
31 六层陈列室平面
32 七层行政管理层平面

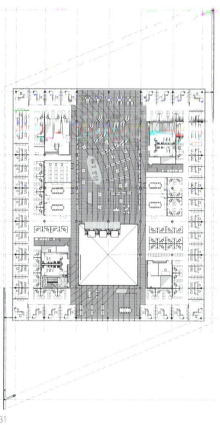

31

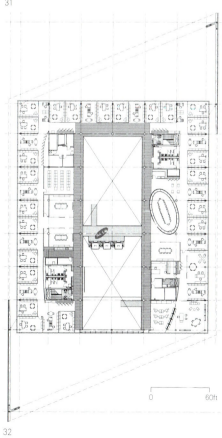

32

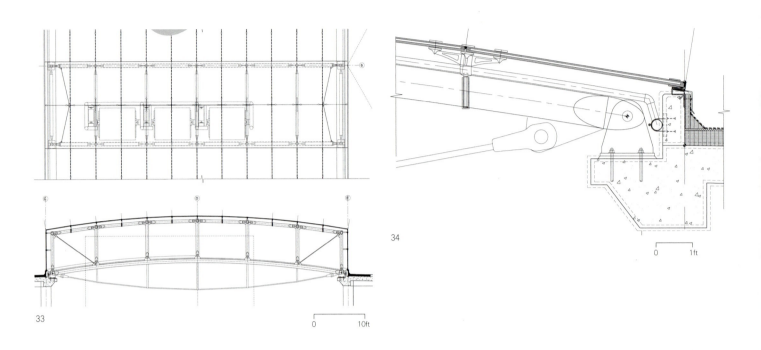

33

34

35

33 弓形缆索桁架的平面和剖面
34 桁架剖面／屋顶连接
35 弓形钢在下面，缆索桁架支撑钢和玻璃的檩以及玻璃顶
36 玻璃天窗连接剖面
37 烧结的玻璃天窗和支撑

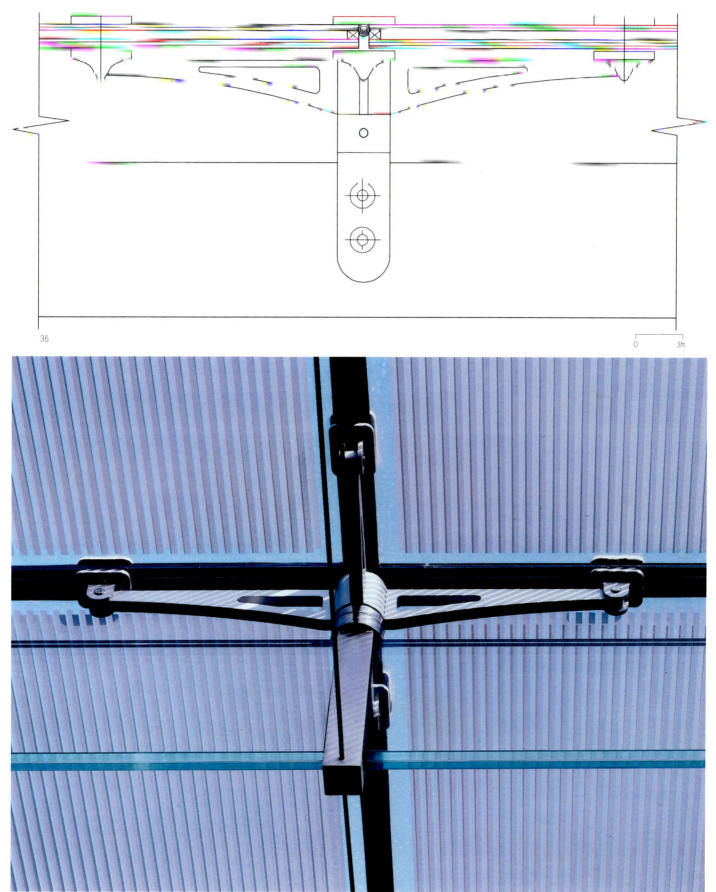

HA·LO总部大楼

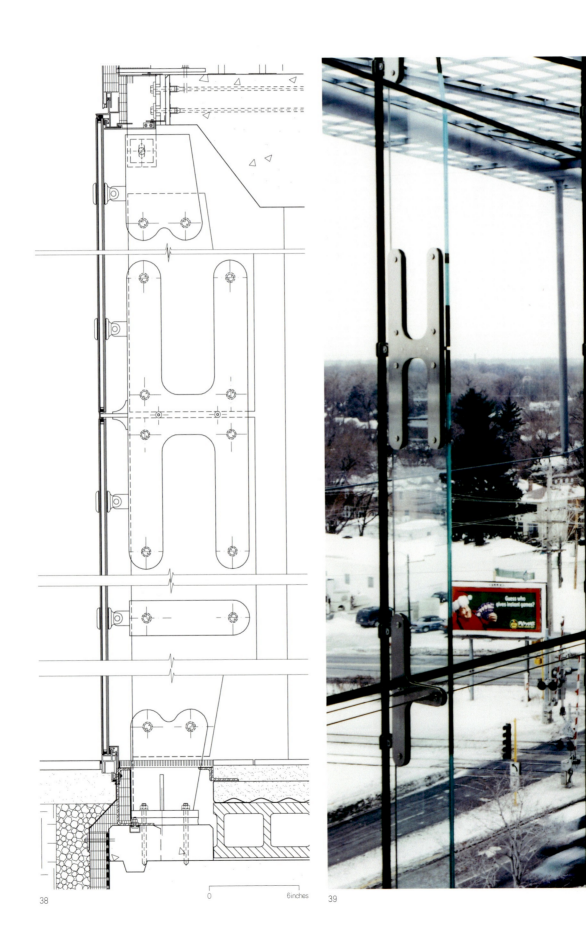

38  39

38 入口处正面的剖面
39 陈列室层的透明玻璃墙

HA·LO 总部大楼

对面页：
结构玻璃肋和不锈钢连接
41　结构玻璃肋细部平面
42　不锈钢连接件

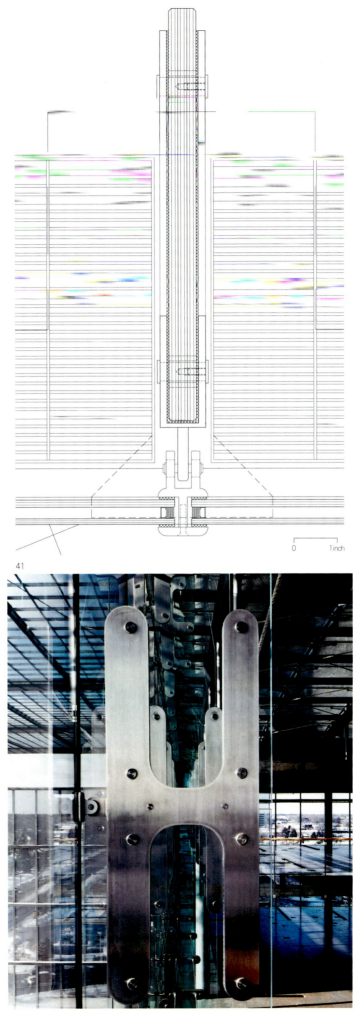

41

42

HA·LO 总部大楼

43 六层到七层楼梯剖面
44 六层电梯平台平面
45 穿孔金属板楼梯

46 透明玻璃和金属楼梯
47 从地板到顶棚的玻璃立面，幕墙在后面

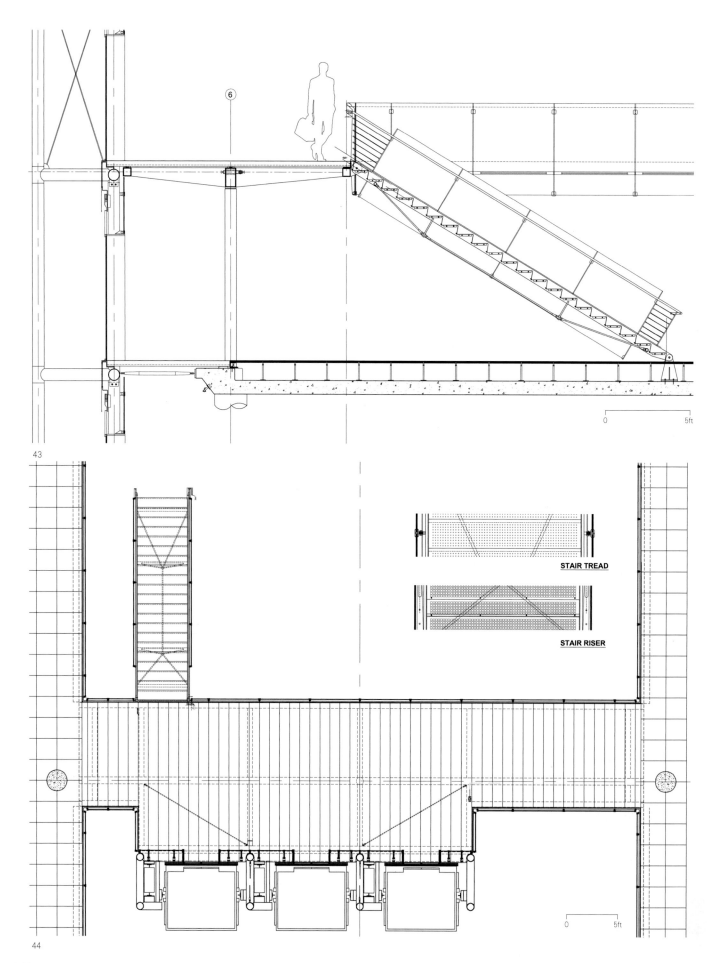

45

46

47

HA·LO总部大楼 219

48 楼梯平面、立面和剖面
对面页:
从背后照亮的穿孔金属板楼梯和波纹金属墙

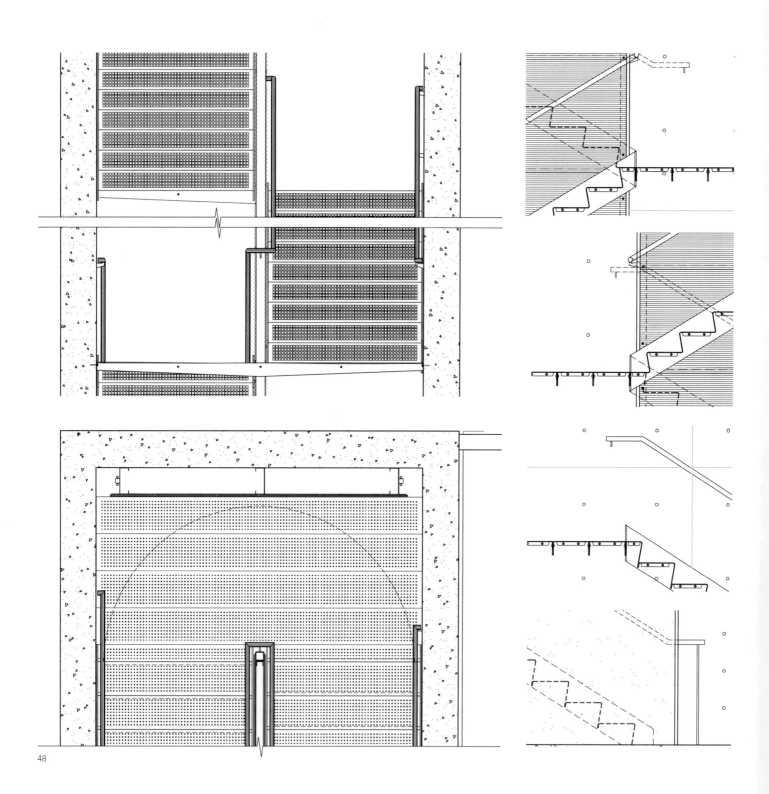

48

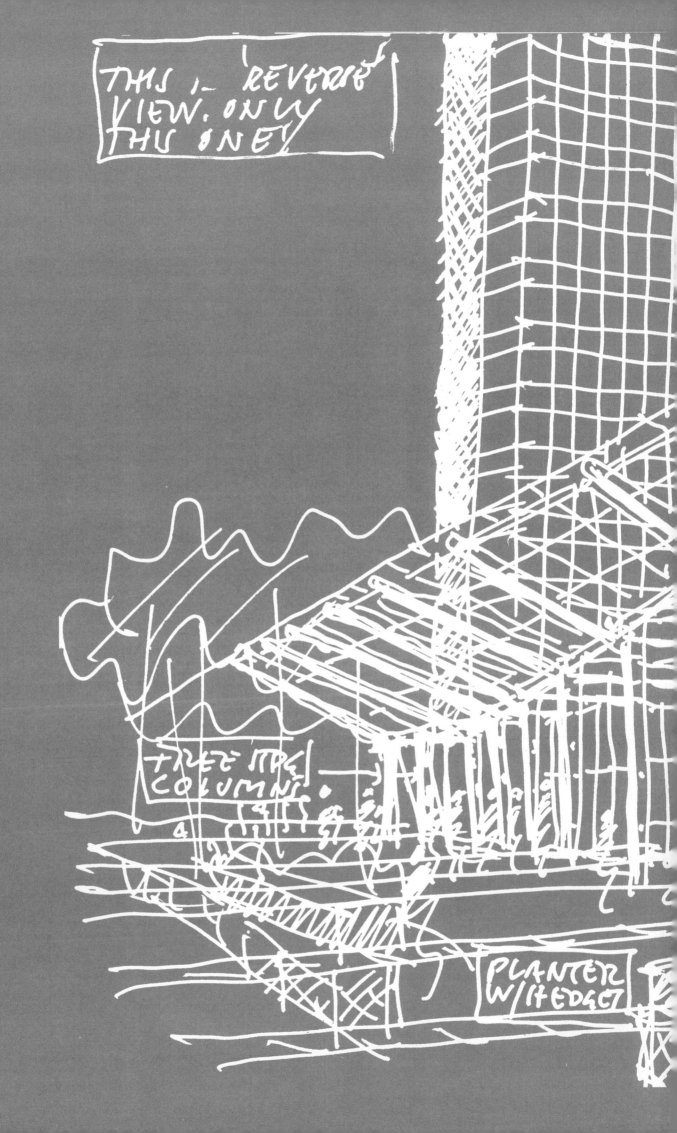

# 帝国银行大厦更新
## IMPERIAL BANK TOWER RENOVATION

卡斯塔·梅萨，加利福尼亚州，美国
设计／竣工　1998/2000年
拱顶长度：121英尺（约36.88m）
拱顶高度：44英尺9英寸（约13.64m）
悬臂长度：47英尺4英寸（约14.40m）

### 理念

20世纪70年代初建的帝国银行大楼需要更新，使之能与业主办公园区里与其毗邻的项目质量匹配。一个致力于整合复杂元素的景观修订计划使振兴这座建筑的条件更加成熟。

提出的改造计划要建立强有力的南北联系，同时开辟出通向艺术与戏剧综合中心的东西轴入口。

新大厅强化了交叉轴，试图在创造场所的同时让通道易辨。它还可作为发生即兴事件的临时使用场所。

一个大的玻璃拱顶取代原来两个建筑物之间的连接体。大厅既广阔又开敞，每边都与一个伸展的百叶遮阳翼相连接，丰富了新形象还延伸了空间领域。

### 技术组成

利用一个极轻的钢和缆的支撑系统，使玻璃面积尽可能地增大，并且让结构完全外露。硅树脂玻璃节点处所需要的活动范围正好满足了对两紧邻建筑物之间沉降伸缩缝的需要。

新空间用产生辐射的花岗石上地面和排气系统来调节温湿。拱顶的玻璃上覆盖一层透明度为30%的涂料和低辐射涂层，用来减少对太阳热能吸收。抛物线形的天窗将高温空气从拱顶排出，使得舒适区温度更加适宜。

玻璃拱顶和天窗从下面被照明，在夜晚使天棚显得巨大，为文化活动形成一个庆典的序列。

从远处看室外悬挑的部分像悬浮的飞机，从其下面看它界定了一个明确的有边界的区域。

1

1　悬臂的百叶遮阳翼限定出一个独特的空间

2　拱顶和百叶遮阳翼剖面
3　总平面和一层平面
4　由伸出的百叶遮阳翼形成的东西轴线白天景象
5　由伸出的百叶遮阳翼形成的东西轴线夜景

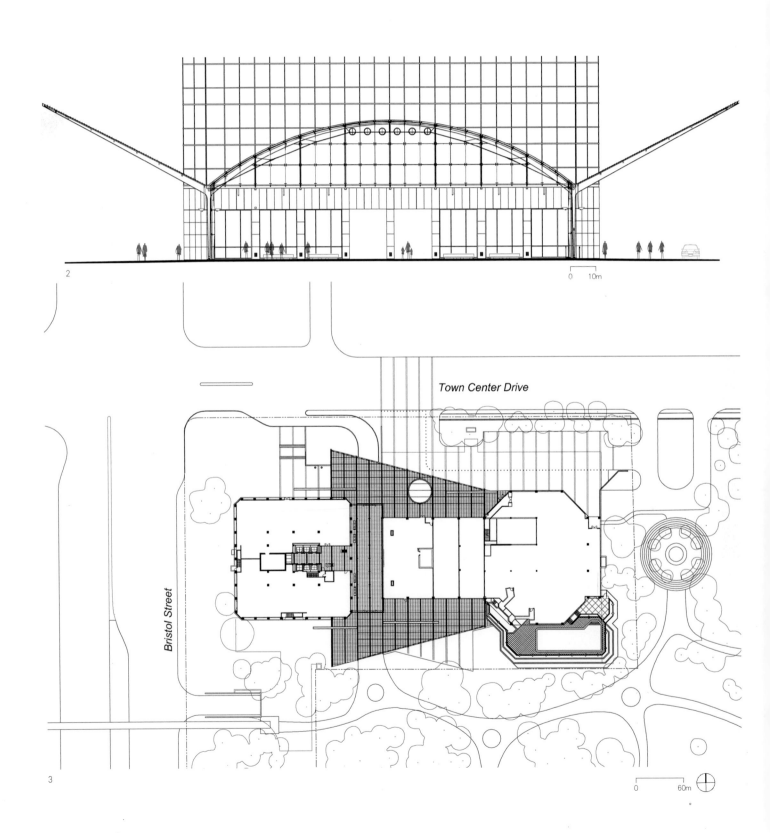

帝国银行大厦更新 **227**

6 拱顶剖面
7 入口
8 玻璃窗开到最大，结构完全暴露
对面页：
　　中央拱顶创造出一种场所精神

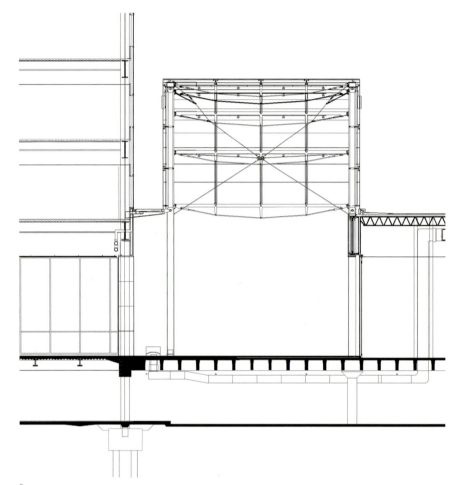

6

7

8

# 事务所简介
## Firm Profile

**概况**

墨菲／扬事务所是一个独一无二的建筑师事务所，它满怀希望地迎接新千年挑战。在赫尔穆特·扬的领导下，事务所从60多年前建立的那个公司稳步地发展起来。经过30年的"组织营建"，墨菲／扬事务所成功地将设计创造性最好的部分和公司的职业化技巧结合起来。我们相信我们建立的这个平衡对于成功地将建筑概念转换成建造实践是十分关键的。我们致力于创造前瞻性的、能经得住时间考验的建筑，使它们成为业主、使用者、社会团体和我们的骄傲源泉。

**实践**

我们进行十分多样化的实践，服务于私人、团体、机构和政府部门的业主。虽然人众知道墨菲／扬事务所主要是通过《时代》、《每周新闻》、《商务周报》以及《福布斯》了解到我们设计的超高层大楼以及商业设施，我们的业务决不仅局限于这些工程类型。我们工作的多样性激发了理念的杂交，从参与和解决新建筑挑战中获得知识的创新。为了在这样的努力中获得成功，我们制定了这样一个政策，每一项委托任务都将获得赫尔穆特·扬的全面关注。

**设计哲学**

我们的工作基于继续相信建造、理性以及技术这些决定因素。通过逻辑、客观的分析，这些因素使建筑系统及其组成部分成形，但仅仅将建筑作为一个逻辑流程是不可行的，于是我们力图避免现代主义的恶名："彻底的不可原谅的罪恶——失去风格"。

基本的设计策略是运用固有结构，然后从外部和内部来改变它以适应总体的意图、功能需求以及它们之间的相互关系。

结构的外部在适合的时候主要由玻璃覆盖。很明确的一点是，不延续那取宠的后现代传统，给现代建筑贴上传统的外表。当新建筑出现的时候，它们得反映建筑所发生的变化。虽然"文脉"是无法逃避的，但也不必成为高于一切的设计原则。毫无疑问，"文脉"不仅对尺度，也对内涵设置限制。然而，这并不一定会导致死板的协调，而会创造出一种受欢迎的多样性。这是一条使新东西戏剧化同时又不毁坏旧东西的路。

这种新建筑依赖工程学，以及它以更开放、更有意识的方式在形式、材料和表达上的作用结果：较少追求"设计或风格"，而更多地追求建造和使用中的"性能表现"。建筑语言和今天的技术水平使之成为可能。建筑表现其材料和构造就像表现一个简单清晰的图表一样。

工程学和技术上的兴趣将传统材料和体系推向新的极限。然而主要的兴趣不在于表现高技，而是增进建筑和材料的性能表现。这在对玻璃的兴趣和应用中表现得最为明显，玻璃可能是仅有的仍有技术和生态意义的建筑材料。由于其透明、反射、不透明以及折射性能，玻璃比其他建筑材料更具机会来增进建筑的性能以及视觉效果。

玻璃和光的构筑如此完美地"反映"了我们的文明、城市和生活。常常不经意间有变化的、短暂的因素起作用，有时甚至是惊人的。现代建筑可以提供这样无穷无尽的体验和情绪，还可以解除技术的屏障。它变得抒情和神秘。

这种方法使得建筑在夜晚被自身完整的内部系统照亮，进行一番特别的、易辨的、然而也是优雅的陈述。

为新千年进行的设计不仅仅只跟形象或公共和私密空间的连接有关。它成为有关结构、围护、装备和材料的创新综合的"技术的宣言"。目的是创造"优美的建筑"和现代建筑。

# 个人简历
Biography

赫尔穆特·扬，美国建筑师学会资深会员（FAIA）

赫尔穆特·扬在进步建筑的最前沿赢得了声誉。据芝加哥艺术学院建筑馆馆长约翰·茹科夫斯基（John Zukowsky）介绍，他的建筑对世界建筑有着"令人惊愕"的影响。墨菲／扬的建筑获得无数的设计奖项，还参加全世界范围内的建筑展览。出生于德国的扬毕业于慕尼黑工业大学。他来美国和访伦·龙德电霍斯以及法兹勒·卡恩在伊利诺伊工学院继续研究生的学习。

今天，作为墨菲／扬事务所的董事长及首席执行官，他被称为芝加哥的杰出建筑师，并戏剧化地改变了芝加哥城市面貌。扬日益增长的国内和国际声誉使得美国、欧洲、非洲和亚洲的委托任务接踵而来。他致力于设计精品以及城市环境的改善。他的项目在全球范围内被公认具有设计创意、活力和整体性。从无数介绍他作品的出版物中，人们了解到扬的作品在公众的眼里以及职业刊物和传媒中引起怎样的兴奋。美国建筑师协会宣称，"赫尔穆特·扬是仍在世的最具影响力的美国建筑师之一。墨菲／扬的建筑获得过无数设计奖项，并曾参加全世界范围内的建筑展览。"

扬的设计既理性又富于直觉：他试图给每一幢建筑它自己的逻辑和理性基础，并创造一个机会来利用它的特殊元素进行直觉和理性交流。理性部分处理问题的实体部分；富于直觉的方面处理理论、知性方面——一种感受问题内在结构的潜意识能力，确立空间、形式、光、颜色和材料等设计元素中需优先考虑的东西，以及建筑通过建筑语言的象征性和意义来交流的方法。

除了进行工程实践之外，扬执教于伊利诺伊大学芝加哥校区，他还曾经是哈佛大学建筑设计专业埃利奥特·诺亚（Elliot Noyes）教授，耶鲁大学建筑设计专业的达文波特（Davenport）访问学者，以及伊利诺伊工学院的课题教授。

# 墨菲/扬的近期作品和新作品，1994—现在
New and Current Works of Murphy/Jahn,1994-Present

**MAT 建筑**
MAT-Buildings

里迪克里克进步街区管理大楼 (Reedy Creek Improvement District Administration Building)
奥兰多，佛罗里达 Orlando, Florida
设计/竣工 1995/1996 Design/Completion 1995/1996
委托方：沃尔特·迪斯尼虚拟世界(管理机构) Client: Walt Disney Imagineering (Management)
里迪克里克进步街区(用户) Reedy Creek Improvement District (User)

拜尔 AG 管理大楼 (Bayer AG Administration Building)
莱沃库森，德国 Leverkusen, Germany
设计/竣工 1998/2001 Design/Completion 1998/2001
委托方：拜尔 AG Client: Bayer AG

上海国际展览中心 (Shanghai International Expo Centre)
上海，中国 Shanghai, China
设计/竣工 1998/2001 (一期) Design/Completion 1998/2001 (Phase 1)
委托方：德国展览财团和中方合资伙伴上海陆家嘴有限发展公司(集团) Client: German Exhibition Consortium and Chinese Joint Venture Partner Shanghai Lujiazui Development (Group) Company Limited

伊利诺伊工学院校园中心 (Illinois Institute of Technology Campus Center)
芝加哥，伊利诺州 Chicago, Illinois
设计 1998 Design 1998
委托方：伊利诺伊工学院 Client: Illinois Institule of Technology

达拉斯剧场 (Dallas Arena)
达拉斯，得克萨斯州 Dallas, Texas
设计 1998 Design 1998
委托方：好莱坞发展公司 Client: Hillwood Development Corporation

法兰克福会展中心（Messe Frankfurt）
法兰克福，德国 Frankfurt, Germany
设计 1999 Design 1999
委托方：德国地产 Client: Deutsche Grundbesitz

深圳会展中心（Shenzhen Convention and Exhibit Center）
中华人民共和国 People's Republic of China
设计 1999 Design 1999
委托方：深圳会展发展商 Client: Shenzhen Convention & Exhibition Ctr.
合作建筑单位：中国东北建筑设计院 Associate Architect: China Northeast Building Design Institute

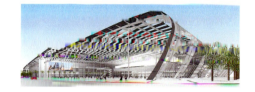

深圳会展中心二期工程（Shenzhen 2）
中华人民共和国 People's Republic of China
设计 2001 Design 2001
委托方：深圳会展发展商 Client: Shenzhen Convention & Exhibition Ctr
合作建筑单位：中国东北建筑设计院 Associate Architect: China Northeast Building Design institute

隐形／暗星（Stealth/Dark Star）
巴灵顿，伊利诺伊州 Barrington, Illinois
设计／竣工 2000/2002 Design/Completion 2000/2002
委托方：S.T.R 工业 Client: S.T.R. Industries

东方音乐厅（Oriental Music Hall）
上海，中国 Shanghai, China
设计 2001 Design 2001
委托方：上海国际招标公司 Client: Shanghai International Tendering Co.

罗斯托克传媒中心（Focus Media Rostock）
罗斯托克，德国 Rostock, Germany
设计／竣工 2001/2003 Design/Completion 2001/2003
委托方：哈拉尔德·罗霍兹科计划发展股份有限公司 Client: Harald Lochotzke Projektent-wicklung GmbH

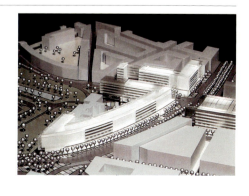

墨菲／扬的近期作品和新作品，1994—现在

兹尔库斯, 汉堡 (Zirkusweg Hamburg)
汉堡, 德国 Hamburg, Germany
设计 2001 Design 2001
委托方: B & L 房产股份公司 Client: B & L Immobilien AG

伊利诺伊工学院学生公寓 (Illinois Institute of Technology Student Housing)
芝加哥, 伊利诺伊 Chicago, Illinois
设计/竣工 2001/2002 Design/Completion 2001/2002
委托方: 伊利诺伊州住宅建设公司 Client: IIT Housing Corporation

# 高层
# TOWERS

综合银行大厦 (Generale Bank Tower)
鹿特丹, 荷兰 Rotterdam, The Netherlands
设计/竣工 1988/1996 Design/Completion 1988/1996
委托方: 荷兰里昂信托银行 Client: Credit Lyonnais Bank Nederland
合作建筑师: 英博建筑师事务所 Associate Architect: Inbo Architectenburo

林库镇公园博物馆市政工程 (Rinku Town Park Museum City Project)
大阪, 日本 Osaka, Japan
设计 1995 Design 1995
委托方: 森熟发展公司 Client: Senshu Development Corporation

PB6 拉·德方斯 (PB6 La Defense)
巴黎, 法国 Paris, France
设计 1995 Design 1995
委托方: 海恩斯有限利益合伙企业 Client: Hines interests Limited Partnership

TNB 建筑
吉隆坡, 马来西亚 Kuala Lumpur, Malaysia
设计 1995 Design 1995
委托方: 特纳格国际机构 Client: Tenaga Nasional Berhad

苏扬海滨大厦（Suyoung Bay Tower）
釜山，韩国 Pusan, Korea
设计 1996 Design 1996
委托方：大宇公司 Client: Daewoo Corporation
合作建筑单位：纳姆森建筑工程有限公司 Associate Architect:
NamSan Architects & Engineers Company, Ltd.

21世纪塔（21 Century Tower）
上海，中国 Shanghai, China
设计／竣工 1997/2004 Design/Completion 1997/2004
委托方：中国光大国际信托投资公司 Client: China Everbright
International Trust and Investment Corp. Architect: Murphy/Jahn
with East China
建筑师：墨菲／扬和中国华东建筑设计院 Architectural Design
Institute

哥伦布圈（Columbus Circle）
纽约，美国 New York, USA
设计 1997 Design 1997
委托方：蒂什曼斯派尔财团 Client: TishmanSpeyer Properties

南潘特（South Pointe）
迈阿密海岸，佛罗里达，美国 Miami Beach, Florida, USA
设计 1997 Design 1997
委托方：统一LLC公司 Client: The Continuum Company, LLC

YTL 大厦（YTL Tower）
吉隆坡，马来西亚 Kuala Lumpur, Malaysia
设计 1997 Design 1997
委托方：YTL 公司 Client: YTL Corporation Berhad

德国邮政（Deutsche Post）
波恩，德国 Bonn, Germany
设计／竣工 1997/2002 Design/Completion 1997/2002
委托方：德国邮政股份公司 Client: Deutsche Post AG

**帝国银行大厦更新 (Imperial Bank Tower Renovation)**
加利福尼亚州，美国 Costa Mesa, California USA
设计/竣工 1998/2000 Design/Completion 1998/2000
委托方：C·J·塞格斯特姆和森斯 Client: C.J.Segerstrom & Sons

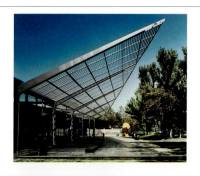

**霍尔斯特德一北大厦 (One North Halsted)**
芝加哥，伊利诺伊州，美国 Chicago, Illinois, USA
设计 1998 Design 1998
委托方：迪尔伯恩发展公司 Client: Dearborn Development Co.

**索菲特尔旅馆 (Sofitel Hotel)**
芝加哥，伊利诺伊州，美国 Chicago, Illinois, USA
设计 1998 Design 1998
委托方：阿克 Client: Accor

**莱尔特·巴郝夫 (Lehrter Bahnhof)**
柏林，德国 Berlin, Germany
设计 1998 Design 1998
委托方：蒂什曼斯派尔财团 Client: TishmanSpeyer Properties

**CBX 拉·德方斯 (CBX La Defense)**
巴黎，法国 Paris, France
设计 1999 Design 1999
委托方：蒂什曼斯派尔财团 Client: TishmanSpeyer Properties

**多功能高层建筑 (Hochhauskomplex Max)**
法兰克福，德国 Frankfurt Germany
设计/竣工 1999/2006 Design/Completion 1999/2006
委托方：德国地产经营股份有限公司 Client: Deutsche Grundbesitz Management GmbH
合作建筑单位：科勒建筑事务所 Associate Architect: Köhler Architekten BDA

555公司西湖大厦 (555 West Lake)
芝加哥，伊利诺伊州，美国 Chicago, Illinois, USA
设计 2000 Design 2000
委托方：迪尔伯恩发展公司 Client: Dearborn Development Corporation

普罗门那登街，开姆尼斯 (Promenadenstrasse Chemnitz)
开姆尼斯，德国 Chemnitz, Germany
设计 2000 Design 2000
委托方：开姆尼斯城 Client: City of Chemnitz

塞格斯特姆 2 (Segerstrom 2)
卡斯塔梅萨，加利福尼亚州，美国 Costa Mesa, California, USA
设计 2000 Design 2000
委托方：C·J·塞格斯特姆和森斯 Client: C.J. Segerstrom & Sons

朗根施耐德高层建筑 (Langenscheidt-Hochhaus)
慕尼黑，德国 Munich, Germany
设计/竣工 2001/2004 Design/Completion 2001/2004
委托方：科尔曼股份公司 Client: Köllmann AG

毕晓普斯盖特办公楼 (Bishopsgate)
伦敦，英国 London, UK
设计/竣工 2001/2006 Design/Completion 2001/2006
委托方：德国房产基金股份公司 Client: DIFA

曼恩建筑 (Mann)
芝加哥，伊利诺伊州，美国 Chicago, Illinois, USA
设计/竣工 2001 Design/Completion 2001
委托方：森伯特房产 Client: Sunbelt Realty

特兰普大厦（Trump Tower）
斯图加特，德国 Stuttgart, Germany
设计 2001 Design 2001
委托方：德国特兰普房地产公司 Client: Trump Deutschland

上海贝鼎（Shanghai Bading）
上海，中国 Shanghai, China
设计 2001 Design 2001
委托方：上海房地产发展有限公司 Client: Shanghai Bading Property Development Co. Ltd.

帕克斯达特·施瓦宾（Parkstadt Schwabing）
慕尼黑，德国 Munich, Germany
设计／竣工 2001/2005 Design/Completion 2001/2005
委托方：拜仁房建 Client: Bayerische Hausbau

加那利码头－北奎伊（Canary Wharf – North Quay）
伦敦，英国 London, UK
设计／完成 2001/2006 Design/Completion 2001/2006
委托方：加那利码头股票上市集团公司 Client: Canary Wharf Group PLC

多伦多联合车站（Toronto Union Station）
多伦多，加拿大 Toronto, Canada
设计 2001 Design 2001
委托方：奥林匹亚和约克 Client: Olympia & York

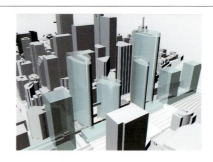

T-24建筑（T-24）
法兰克福，德国 Frankfurt, Germany
设计 2001 Design 2001
委托方：霍赫替夫 Client: Hochtief

S—工程 (S—Project)
东京，日本 Tokyo, Japan
设计 2001 Design 2001
三菱房产公司 Mitsubishi Estate Co

## 城市街区
## URBAN BLOCK

库达姆 70 (Ku' Damm 70)
柏林，德国 Berlin, Germany
设计/完成 1988/1994 Design/Completion 1988/1994
委托方：欧沃企业联合 Client: Euwo Unternehmensgruppe

库达姆 119 (Ku' Damm 119)
柏林，德国 Berlin, Germany
设计/完成 1988/1995 Design/Completion 1988/1995
委托方：阿蒂纳地产股份公司；威宝股份有限公司 Client: Athena Grundstucks AG; Vebau GmbH

新花环角 (Neues Kranzler Eck)
柏林，德国 Berlin, Germany
设计/竣工 1992/2001 Design/Completion 1992/2001
委托方：德国房产基金股份公司 Client: DIFA Deutsche Immobilien Fonds AG

委托人共有生命保险公司 (Principal Mutual Life Insurance Company)
得梅因，艾奥瓦州，美国 Des Moines, Iowa, USA
设计/竣工 1993/1996 Design/Completion 1993/1996
委托方：委托人共有生命保险公司 Client: Principal Mutual Life Insurance Company

索尼柏林中心 (Sony Center-Berlin)
柏林，德国 Berlin, Germany
设计/竣工 1993/2000 Design/Completion 1993/2000
委托方：索尼及其股东蒂什曼斯派尔财团 Client: Sony wilh its partners TishmanSpeyer Propertiesand Kajima

欧盟总部 (European Union Headquarters)
布鲁塞尔，比利时 Bruxelles, Belgium
设计／竣工 1994/1998 Design/Completion 1994/1998
委托方：S·A·科菲尼莫·N·V Client：S.A. Cofinimmo N.V.
合作建筑师：建设局的亨利·蒙图瓦，保罗·诺埃尔 Associate Architect：Bureau d'Architecture Henri Montois, S.A.Bureau Paul Noel

汉城LG穹顶 (Seoul Dome LG)
汉城，韩国 Seoul, Korea
设计 1997 Design 1997
委托人：LG公司 Client：LG Corporation

HA·LO总部大楼 (HA·LO)
奈尔斯，依利诺伊州，美国 Niles, Illinois, USA
设计／竣工 1998/2000 Design/Completion 1998/2000
委托方：中心点财团 Client：CenterPoint Properties

21号办公楼 (Office 21)
祖尔茨巴赫，德国 Sulzbach, Germany
设计 1998 Design 1998
委托方：约阿希姆·马勒 Client：Joachim Müller

考夫霍夫画廊 (Kaufhof Galeria)
开姆尼斯，德国 Chemnitz, Germany
设计／竣工 1998/2002 Design/Completion 1998/2002
委托方：地铁和地皮出租股份有限公司以及开姆尼斯合作社
Client：METRO plus Grundstücksver-mietungsgesellschaft mbH & Co. Objekt
Chemnitz KG

展览城 (Messestadt)
法兰克福，德国 Frankfurt, Germany
设计 1999 Design 1999
委托方：德国银行 Client：Deutsche Bank

美因茨郊外道路（Mainzer Landstraße）
法兰克福，德国 Frankfurt, Germany
设计 2000 Design 2000
委托方：蒂什曼斯派尔财团 Client: TishmanSpeyer Properties

曼海姆2号（Mannheimer 2）
曼海姆，德国 Mannheim, Germany
设计／竣工 2000/2004 Design/Completion 2000/2004
委托方：曼海姆财产股份公司 Client: Mannheimer Holding AG

伯班克传媒中心（Burbank Media Center）
伯班克，加利福尼亚州，美国 Burbank, California, USA
设计／竣工 2000/2004 Design/Completion 2000/2004
委托方：普拉特公司 Client: The Platt Corporation

默兹布罗克（Motzblock）
柏林，德国 Berlin, Germany
设计／竣工 2001/2004 Design/Completion 2001/2004
委托方：弗来贝格房产发展股份有限公司 Client: Freiberger Immobilien Entwicklungs GmbH

## 交通建筑
## TRANSPORTATION

凯宾斯基饭店（Kempinski Hotel）
慕尼黑，德国 Munich, Germany
设计／竣工 1989/1994 Design/Completion 1989/1994
委托方：弗吕格芬·蒙兴股份有限公司 Client: Flughafen München GmbH

慕尼黑机场中心（Munich Airport Center）
慕尼黑，德国 Munich, Germany
设计／竣工 1990/1999 Design/Completion 1990/1999
委托方：弗吕格芬·蒙兴股份有限公司；MFG，德尔塔·KG；ALBA股份有限公司 Client: Flughafen München GmbH; MFG, Delta KG; ALBA GmbH

弗吕格芬，科隆／波恩 (Flughafen Köln/Bonn)
科隆／波恩，德国 Köln/Bonn, Germany
设计／竣工 1992/2000 Design/Completion 1992/2000
委托方：弗吕格芬·蒙兴股份有限公司 Client：Flughafen München GmbH
合作建筑师：海因勒·维舍及其合伙人 Associate Architect：Heinle, Wischer & Partner

弗吕格芬，科隆／波恩 (Flughafen Köln/Bonn)
停车楼 2／竣工 1998 Parkhaus 2/Completion 1998
停车楼 3／竣工 1999 Parkhaus 3/Completion 1999
委托方：弗吕格芬·蒙兴股份有限公司 Client：Flughafen München GmbH
合作建筑师：海因勒·维舍及其合伙人 Associate Architect：Heinle, Wischer & Partner

新曼谷国际机场 (New Bangkok International Airport)
曼谷，泰国 Bangkok, Thailand
设计／竣工 1995/2004 Design/Completion 1995/2004
委托方：新曼谷国际机场有限公司 Client：New Bangkok Int'l Airport Co Ltd
MJTA 社团：ACT 建筑社团，墨菲／扬有限公司，TAMS 顾问有限公司 MJTA Consortium：ACT Group Building, Murphy/Jahn, Inc., TAMS Consultants, Inc.

上海浦东国际机场 (Shanghai Pudong International Airport)
上海，中国 Shanghai, People's Republic of China
设计 1996 Design 1996
委托方：上海浦东国际机场公司 Client：Shanghai Pudong Airport Corporation

JC 公共汽车候车亭 (JC Decaux Bus Shelter)
原型 prototype
设计／竣工 1997/1998 Design/Completion 1997/1998
委托方：美国 JC·德科 Client：JC Decaux USA

斯图加特 21 号 (Stuttgart 21)
斯图加特，德国 Stuttgart, Germany
设计 1997 Design 1997
委托方：德国铁道公司 Client：Deutsche Bahn AG

多特蒙德火车站 (Dortmund Hauptbahnhof)
多特蒙德，德国 Dortmund, Germany
设计 1998 Design 1997
委托方：德国铁道股分公司 Client: Deutsche Bahn AG

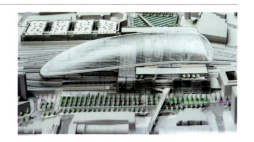

慕尼黑机场2号候机楼 (Terminal 2 Munich Airport)
慕尼黑，德国 Munich, Germany
设计 1998 Design 1998
委托方：弗吕格芬·蒙兴股份有限公司 Client: Flughafen München GmbH

超高速磁悬浮轨道 (Transrapid Magnetschnellbahn)
德国 Germany
设计/竣工 1998/1998 Design/Won Competition 1998/1998
委托方：磁悬浮轨道计划股份责任有限公司 Client: Magnetschnellbahn Planungsgesellschatt mbH

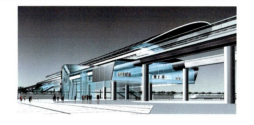

奥黑尔1、2、3号候机楼立面和流通改进 (O'Hare Terminals 1,2,3 Façade and Circulation Enhancements)
奥黑尔国际机场，芝加哥，伊利诺斯州，美国 O'Hare International Airport, Chicago, Illinois, USA
设计/竣工 2001/2005 Design/Completion 2001/2005
委托方：芝加哥市政府，航空部 Client: City of Chicago, Department of Aviation
合作建筑单位：约翰逊和李建筑师事务所／劳拉·雷蒙迪规划建筑有限公司 Associate Architects: Johnson & Lee Architects/Planners Laura Raimondi, Architect, Ltd

慕尼黑机场中性区总体规划 (Master Plan Neutral Zone Munich Airport)
慕尼黑，德国 Munich, Germany
设计 2001 Design 2001
委托方：弗吕格芬·蒙兴股份有限公司 Client: Flughafen München GmbH

苏黎世空前机场 (Unique Airport Zurich)
苏黎世，瑞士 Zurich, Switzerland
设计 2001 Design 2001
委托方：空前机场城 Client: Unique Airport City

# 获奖及展览纪录
## Awards and Exhibitions

**获奖纪录**

HA·LO
2001　美国建筑师学会芝加哥分会奖
2001　芝加哥建筑大会奖
2001　美国设计建筑奖

德国邮政
2001　市区用地协会

索尼中心——柏林
2001　市区用地协会
2001　美国建筑师学会芝加哥分会奖
1993　芝加哥新建筑

慕尼黑机场中心
1999　1999 国际精美建筑奖

公共汽车候车亭
1999　杜邦公司尊贵奖

KU´DAMM 70
1996　美国建筑师学会国家荣誉奖
1995　美国建筑师学会芝加哥分会奖

凯宾斯基旅馆
1998　景观建筑师美国社会奖
1998　国际趋势奖，绿色建筑
1995　美国建筑师学会芝加哥分会奖
1995　美国建筑师学会芝加哥分会非凡细部奖

加利福尼亚-得克萨斯石油公司住宅
1994　CIDB 最佳可建造设计奖

日立塔
1993　CIDB 最佳可建造设计奖

伊利诺伊州高雅艺术学院
1993　杰出成就建筑师

曼海姆人生保险
1993　联邦德国建筑奖
1992　美国建筑师学会芝加哥分会奖
1992　芝加哥建筑奖

美国建筑师学会／伊利诺伊州和商品市场
1992　伊利诺伊理工学院建筑环境杰出贡献奖

120 北拉塞利
2001　博马-芝加哥分会奖年度建筑奖
1995　伊利诺伊州结构工程协会奖
1993　芝加哥新建筑奖
1992　美国建筑师学会芝加哥分会奖
1991　芝加哥阳光时间房地产年度发展奖

一个美国广场——电车站
1992　美国建筑师学会圣地亚哥分会奖
1991　资深建筑奖——芝加哥设计奖
1991　美国建筑师学会在世的最有影响力的十位美国建筑师
1991　"百佳建筑师"，建筑学杂志

威尔西尔／韦斯特伍德
1991　美国建筑师学会芝加哥分会奖

一个自由场所
1990　美国建筑师学会芝加哥分会奖
1990　美国钢结构学会奖

多米诺 30 奖 (Domino's 30 Award)
1988　赫尔穆特·扬，文化艺术部奖，巴黎，法国

R·S·雷诺兹纪念奖
1988　使用铝材的卓越建筑年度奖
　　　联合航空终端站

城市尖顶
1987　年度奖——纽约混凝土工业

奥黑尔国际机场
1988　美国建筑师学会芝加哥分会二十五年奖

联合航空终端站
1999　20 世纪晚期最佳室内设计
1991　美国 1980 以来完成的十个最佳建筑作品
1990　美国建筑师学会芝加哥分会非凡细部奖
1990　美国钢结构学会奖
1989　美国顾问咨询
1988　R·S·雷诺兹纪念奖
1988　年度设计回顾"最佳范畴"，工业设计杂志
1988　美国建筑师学会芝加哥分会奖

1987　伊利诺伊州结构工程协会奖
1987　美国建筑师协会国家荣誉奖

地铁西
1987　美国建筑师学会芝加哥分会奖

奥黑尔高速公路中转站
1988　美国教育学会总统设计奖
1987　美国建筑师学会国家荣誉奖

701 第四大街南
1986　美国建筑师学会纽约州奖

西北中心
2001　博马-芝加哥分会奖年度建筑奖
1986　伊利诺伊州结构工程协会奖

伊利诺伊州中心
2001　博马-芝加哥分会奖年度建筑奖
1991　1980 以来完成的美国 10 个最佳建筑作品——美国建筑师学会
1991　"十佳"二战以来芝加哥最重要的十个建筑作品——保罗·加普
1986　美国建筑师学会芝加哥分会奖
1985　伊利诺伊州结构工程协会奖
1981　美国采暖，制冷与空调工程师学会能源奖

东广场购物中心
1985　赫尔穆特·扬——杰出建筑师，密尔沃基市艺术委员会 1985 年度奖

芝加哥中心区规划
1985　进步建筑奖

第二区警察总部
1983　美国建筑师学会芝加哥分会奖

阿诺德·W·布伦纳建筑纪念奖
1982　赫尔穆特·扬

芝加哥商业公会加建
1985　伊利诺伊州结构工程协会奖
1984　美国建筑师学会芝加哥分会奖
1983　美国钢结构学会奖
1982　信任发展集团公司，第二年度卓越建筑奖

联邦埃迪逊社区总部
1981　美国采暖、制冷与空调工程师学会能源奖

德·拉·加尔扎职业中心
1981　美国采暖、制冷与空调工程师学会能源奖
1981　美国建筑师学会芝加哥分会奖

阿尔贡计划支持企业
1982　美国建筑师学会芝加哥分会奖
1979　欧文斯粗玻璃纤维节能奖

氧化铁颜料－发烟硫酸总部
1979　美国建筑师学会芝加哥分会奖
1979　建筑设计与结构青年职业奖
1979　美国钢结构学会奖

橡树小溪邮局
1978　美国建筑师学会芝加哥分会奖

伊利诺伊州立大学建筑工程科学楼
1978　美国建筑师协会芝加哥分会奖

拉·吕米埃体育馆
1978　美国建筑师学会芝加哥分会奖

堪萨斯州会议中心
1978　美国建筑师学会芝加哥分会奖

圣玛丽体育设备
1979　美国建筑师学会国家荣誉奖
1978　美国钢结构学会奖
1977　美国建筑师学会芝加哥分会奖
1977　美国建筑师学会伊利诺伊州委员会荣誉奖

明尼苏达州Ⅱ
1978　美国建筑师学会芝加哥分会奖
1978　进步建筑设计引用
1977　全国建筑竞赛获胜

密歇根州城市图书馆
1979　美国钢结构学会奖
1978　美国建筑师学会美国图书馆协会第一容易奖
1977　美国建筑师学会芝加哥分会奖
1977　美国建筑师学会伊利诺伊州委员会荣誉奖

复印中心
1980　美国建筑师学会芝加哥分会奖
1977　进步建筑设计引用

奥拉里拉图书馆
1976　美国建筑师学会芝加哥分会奖

阿布扎比会议城
1976　进步建筑设计引用
1976　国际竞赛获奖

肯普竞技场
1975　美国建筑师学会国家荣誉奖
1975　巴特尔特奖
1975　美国建筑师学会芝加哥分会奖
　　　美国钢结构学会奖

展览记录
2000　"摩天楼：新千年"，芝加哥艺术学院，伊利诺伊州
1999　"材料的根据"（公共汽车站），当代艺术博物馆，芝加哥，伊利诺伊州
1999　"赫尔穆特·扬素描"，文艺复兴社会，芝加哥大学，伊利诺伊州
1999　"建筑工程"，
1998　"未建造辛辛那提展览"，（西部广场源泉），辛辛那提论坛，俄亥俄州
1997　科斯坦蒂尼博物馆竞赛，提名奖，巴西
1997　"设计展览"（联合航空站一号综合体），建筑师协会，建筑学院，伦敦
1996　"赫尔穆特·扬／透明"，草原大街书店，芝加哥，伊利诺伊州
1996　设计艺术，北伊利诺伊州大学
1995　"赫尔穆特·扬接近浪漫的现代主义，1985–1995画廊文学硕士"，东京展览，日本
1994　"新芝加哥建筑"，芝加哥雅典娜神庙
1944　ARCAM画廊，荷兰，阿姆斯特丹，海厄特
1993　1933布宜诺斯艾利斯建筑双年展，杰出艺术博物馆近期作品
1993　城市设计，柏林馆，柏林，德国
1993　设计艺术，密尔沃基，威斯康星州
1993　芝加哥建筑与设计：1923—1993，艺术协会
1993　新芝加哥建筑展，欧洲建筑
1993　美国摩天楼，赫尔辛基，芬兰

1992—1993　从火星到主要街道：美国设计
1992　"芝加哥建筑思考中的75年"——芝加哥艺术俱乐部
1991　"赫尔穆特·扬"YKK-库伯设计论坛，东京，日本
1991　"新芝加哥建筑"，芝加哥雅典娜神庙
1990　"通往交流的终点"，建筑中心区设想，伦敦，英国
1990　"对社会负责的环境：美国／苏联1980—1990"，美国具有社会责任感的建筑师、设计师、规划师，和苏联建筑师协会，纽约
1989　"新芝加哥建筑"，大城市新闻，芝加哥，伊利诺伊州
1989　"高层建筑"，西珀斯，澳大利亚
1989　"建筑竞赛"，纽约建筑联盟，纽约
1989　"设计美国——美国陆军－苏联文化交流展"，美国情报机构，苏联
1989　〔芝加哥建筑俱乐部成员原创的未出版的图纸和模型〕，鲁思·沃利德画廊有限公司，芝加哥，伊利诺伊州
1989　"纽约建筑"，"哥伦布圈"，"泰晤士广场"，"AA和西北终点建筑"JFK德国建筑博物馆，德国
1989　"设计艺术"，"一个自由的场所"，"西南塔银行"，STA画廊，芝加哥，伊利诺伊州
1988　"向孩子们解释后现代"，博内·凡滕博物馆，马斯特里希特，荷兰
1988　"设计艺术"，密尔沃基大学美术品陈列室，威斯康星州
1988　"世界城市和大城市的未来"，米兰三年展，意大利
1988　"实验摩天楼"，里佐尼国际书店，芝加哥，伊利诺伊州
1988　"新芝加哥摩天楼"，建筑中心画廊，芝加哥，伊利诺伊州
1988　"实验传统"，建筑联盟，纽约，纽约州
1987　"它们可能会是什么样：80年代未建成的建筑"，芝加哥建筑基金会，芝加哥，伊利诺伊州
1987　"赫尔穆特·扬"，巴黎艺术中心，巴黎，法国
1987　"新芝加哥摩天楼"，商业中心，芝加哥，伊利诺伊州
1987　"赫尔穆特·扬"，建筑展览馆，慕尼黑，德国
1987　"87年GA国际展"，GA画廊，东京，日本

|  |  |
|---|---|
| 1987 | "它们可能会是什么样：80年代未建成的建筑"，达拉斯商业中心，达拉斯，得克萨斯州 |
| 1986 | "新芝加哥摩天楼"，商业中心设计画廊，芝加哥，伊利诺伊州 |
| 1986 | "赫尔穆特·扬"，MA画廊，东京，日本 |
| 1986 | 现代视觉，德意志建筑博物馆，法兰克福，德国 1986 国家现代艺术馆，东京 |
| 1986 | 现代主义回归：批判性的抉择，格雷艺术画廊和研究中心，纽约大学，纽约 |
| 1986 | 芝加哥建筑俱乐部成员作品，贝特西·罗森菲尔德画廊，芝加哥，伊利诺伊州 |
| 1985 | "芝加哥建筑150年"，科学工业博物馆，芝加哥，伊利诺伊州 |
| 1985 | "找寻建筑的内情和道理"巴黎双年展，巴黎，法国 |
| 1985 | "超前的结构展览"，锡拉丘兹大学，锡拉库扎，纽约州 |
| 1984 | "伊利诺伊州立中心"，伊利诺伊大学，乌尔班娜草原，伊利诺伊州 |
| 1984 | 芝加哥建筑俱乐部成员作品，芝加哥艺术学院，芝加哥，伊利诺伊州 |
| 1984 | "艺术与建筑／设计"，穆萨特画廊，迈阿密，佛罗里达州 |
| 1984 | 开放的，永恒的建筑收藏，德意志建筑博物馆，法兰克福，德国 |
| 1984 | "芝加哥和纽约，超过一个世纪的建筑的相互作用"，芝加哥艺术学院，美国建筑师学会基金会，八角堂，华盛顿特区；法里什画廊，里奇大学，休斯敦，得克萨斯州；纽约历史社会，纽约州 |
| 1984 | "赫尔穆特·扬"，巴伦福特建筑书店和画廊有限公司，多伦多，安大略湖，加拿大 |
| 1983 | 芝加哥建筑俱乐部第一流的成员作品，芝加哥艺术学院，芝加哥，伊利诺伊州 |
| 1983 | 芝加哥建筑图纸一百年，伊利诺伊州贝尔电话公司，芝加哥，伊利诺伊州 |
| 1983 | "1992年芝加哥世界博览会设计研讨会图纸，纽约，洛杉矶，芝加哥"，伊利诺伊大学，芝加哥校区，伊利诺伊州 |
| 1983 | "芝加哥建筑150年"，巴黎艺术中心，法国 |
| 1983 | "获胜和失败的竞赛"，旧金山美国建筑师学会总部画廊，旧金山，加利福尼亚州 |
| 1983 | "表皮与装饰"，恶作剧建筑，纽约，纽约州；1985"当代景观——来自后现代设计的范围"国家当代艺术博物馆，京都和东京，日本 |
| 1983 | "设计美国"，萨拉·维斯孔特的卡斯泰洛·什福尔佐斯科，米兰，意大利 |
| 1983 | "高层建筑"，阿尔伯达省建筑师协会南部分会，卡尔加里，阿尔伯达省，加拿大 |
| 1983 | "1983明尼阿波利斯简介"讨论会的参与者，沃克艺术中心，明尼阿波利斯，明尼苏达州 |
| 1983 | "装饰主义：建筑和设计中新的装饰"，赫德森河博物馆，纽约，纽约州，阿彻·M·亨廷顿艺术画廊，得克萨斯大学，奥斯汀，得克萨斯州 |
| 1983 | "当前的项目"，托马斯·毕比，劳伦斯·布思，赫尔穆特·扬，克吕克和奥尔森，斯坦利·蒂格尔曼，芝加哥的扬－霍夫曼画廊，伊利诺伊州 |
| 1983 | "从草图到成图的建筑师视野"，芝加哥历史社会，芝加哥，伊利诺伊州 |
| 1982 | "当代芝加哥建筑"，艺术丰收，北伊利诺伊州大学，杰卡布，伊利诺伊州 |
| 1982 | 耶鲁大学，建筑学院，纽黑文，康涅狄格州 |
| 1982 | "芝加哥建筑师设计"，芝加哥艺术研究中心，芝加哥，伊利诺伊州 |
| 1982 | 芝加哥建筑俱乐部，芝加哥艺术研究中心，芝加哥，伊利诺伊州 |
| 1981–1982 | 阿诺德·W·布鲁纳纪念奖和展览，美国艺术与文学学会和研究中心，纽约，纽约州 |
| 1981 | "合成建筑"，哈福大学设计研究生院，剑桥，马萨诸塞州 |
| 1981 | 芝加哥国际艺术展览，海军码头，芝加哥，伊利诺伊州 |
| 1981 | 芝加哥建筑俱乐部，格雷厄姆基金会，芝加哥，伊利诺伊州 |
| 1981 | "芝加哥建筑画"，弗鲁姆金和斯特鲁维，芝加哥，伊利诺伊州 |
| 1981 | 沃思堡艺术博物馆，沃思堡，得克萨斯州 |
| 1980 | "今天为明天设计"讨论会的参与者，纽约建筑联盟 |
| 1980 | "建筑进程"，扬－霍夫曼画廊，芝加哥，伊利诺伊州 |
| 1980 | "昨日重现"，代表美国参加双年展，威尼斯，意大利；1981–1982，法国；旧金山，加利福尼亚州 |
| 1980 | "芝加哥论坛竞赛的迟登录"，当代艺术博物馆，芝加哥，伊利诺伊州 |
| 1980 | "城市碎片"，沃克艺术中心，明尼阿波利斯，明尼苏达州 |
| 1979 | 第二十五届前卫建筑年奖评审团成员，纽约 |
| 1978 | "联排住宅"小组展示参与者，沃克艺术中心，明尼阿波利斯，明尼苏达州 |
| 1977 | "精制的行尸走肉"小组展示参与者，沃尔特·凯利画廊，芝加哥，伊利诺伊州 |
| 1977 | "芝加哥7"成员 |
| 1977 | "建筑作为艺术的状态／77"研讨会的参与者，格雷厄姆基金会，芝加哥，伊利诺伊州 |
| 1974–1986 | 展览，美国建筑师学会芝加哥分会奖，芝加哥艺术研究中心 |